全面禁止核试验条约：要素、争议与分析

［美］马塞拉·N. 罗德里格斯　约翰·沃克　主编

王世联　王晓明　李　奇　译

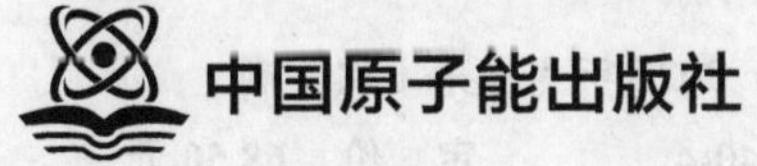

图书在版编目（CIP）数据

全面禁止核试验条约 : 要素、争议与分析 / (美)
马塞拉・N.罗德里格斯, (美) 约翰・沃克主编 ; 王世联,
王晓明, 李奇译. -- 北京 : 中国原子能出版社, 2025.
4. -- ISBN 978-7-5221-3840-4

Ⅰ. D999.2

中国国家版本馆 CIP 数据核字第 2025F467F3 号

北京市版权局著作权合同登记号：01-2024-4783

全面禁止核试验条约：要素、争议与分析

出版发行　中国原子能出版社（北京市海淀区阜成路 43 号　100048）
责任编辑　刘东鹏
装帧设计　邢　锐
责任校对　刘　铭
责任印制　赵　明
印　　刷　北京厚诚则铭印刷科技有限公司
经　　销　全国新华书店
开　　本　787 mm×1092 mm　1/16
印　　张　12.375
字　　数　165 千字
版　　次　2025 年 4 月第 1 版　2025 年 4 月第 1 次印刷
书　　号　ISBN 978-7-5221-3840-4　　　　定　价　**68.50 元**

发行电话：**010-88828678**

序　言

《全面禁止核试验条约》（CTBT）禁止所有核爆炸。该条约自 1996 年开放供签署。截至 2008 年 3 月，178 个国家已签署该条约，144 个国家批准了该条约。要使得条约生效，还需要获得 44 个特定国家的批准；其中 35 个国家已批准这一条约。美国参议院在 1999 年对该条约投下了否决票，时任的布什政府亦反对这一条约。美国自 1992 年起恪守着暂停核试验的承诺。本书讨论 CTBT 的要素、争议及相关分析。

第一章——禁止所有核试验是核军控议程上最久远的议题。1963 年至 1990 年间生效的三项条约对核试验进行了限制，但仍未实现全面禁止。1996 年，联合国大会通过了 CTBT，旨在禁止所有核爆炸。1997 年，克林顿总统将该条约提交至参议院审议，1999 年 10 月，参议院对其投了否决票。奥巴马总统在 2009 年 4 月的布拉格演讲中表示："本政府将积极推进美国批准《全面禁止核试验条约》。"然而，到了 2010 年，该政府的重点转向了争取参议院对《新战略武器削减条约》的建议和同意上。尽管该政府表达了启动关于 CTBT 的"教育"运动以争取参议院同意批约的意愿，但在第 111 届或第 112 届国会期间，并未就该条约举行任何听证会。截至 2012 年 7 月，全球已有 183 个国家签署了 CTBT，其中包括俄罗斯在内的 157 个国家批准了 CTBT。不过，条约要生效，还需获得条约中规定的 44 个特定国家的批准，其中已有 41 个国家签约、36 个国家批约。为了推动条约的生效，已经召开了 7 次大会，最近的一次是在 2011 年 9 月 23 日。核试验的历史源远流长，自 1945 年开始核试验以来，便一直持续至今。美国自然资源保护理事会声明，美国进行了 1 030 次核试验、苏联进行了 715 次、英国进行了 45 次、法国进行了 210 次。（其中，英国进行的试验中，有 24 次是与美国共同进行的，未计入美国的总次数中）。美国的最后一次核试验是在 1992 年进行的，而俄罗斯则声称自 1990 年以后便未再进行过核试验。1998 年，印度和巴基斯坦宣布进行了几次核试验。虽然双方都宣布了停止试验，但它们都未签署 CTBT。朝鲜在 2006 年和 2009 年宣布进行了核试验。自 1997 年以来，美国在其内华达国家安全场进行了 26 次“次临界试验”，旨在研究钚在爆炸压力下的行为，最近的一次实验是在 2011 年 2 月进行的。美国坚称这些实验并不违反 CTBT，因为它们不会产生自持链式反应。预计下一次美国的次临界试验将在 2012 年秋季或之后不久进行。据报道俄罗斯自 1998 年以来也进行了一些类似的实验。为了在不进行核试验的情况下对美国核武器的安全、保护和可靠性保持信心，《库存管理计划》应运而生。根据能源部的半自治部门——国家核安全管理局的要求，其预算被列为“武器活动”。美国国会则通过年度《国家国防授权法案》和《能源和水利发展拨款法案》来处理核武器问题。2012 财年的武器活动拨款为 72.14 亿美元，而 2013 财年的请求则为 75.77 亿美元。国会还考虑向全球系统提供资金以监测可能的核试验。2013 财年的相关请求为 3 300 万美元，另外还有 350 万美元用于改进 CTBT 核查机制的项目。

第二章——CTBT 禁止所有核爆炸。该条约自 1996 年开放供签署，截至 2008 年 3 月，已有 178 个国家签约、144 个国家批约。要使得条约生效，44 个特定国家必须批准条约；截至目前，其中 35 个国家已批约。美国参议院在 1999 年对该条约投下了否决票，而时任的布什政府亦反对这一条约。

美国自 1992 年起恪守着暂停核试验的承诺。世界上呼吁美国和其他尚未批约的国家批准 CTBT 的呼声持续高涨。许多人声称，这将有力地推动核不扩散进程，甚至有人认为这是实现核裁军的一步。美国国会已经提出了几项与条约相关的议案，它也可能成为美国总统选举中的一个问题。围绕条约的辩论，在许多问题上都有争议。要就该条约做出决断，提出在未来进行批准投票，参议员们在权衡风险和利益时，可能需要回答几个问题。首先是美国是否能在不进行核试验的情况下维持其威慑力。条约的支持者认为，在不进行进一步试验的情况下，美国的（库存管理）计划能够维持现有经过测试的武器，每年进行的 12 次评估证明这些武器是安全可靠的，这些武器满足任何威慑的需要。反对者则对现有核弹头缺乏信心，他们认为许多微小的改动将改变经过试验的武器的状态，因此需要进行试验来恢复和保持信心。他们视威慑为一个动态过程，需要新武器去防范新的威胁，并坚称这些新武器必须经过试验验证。另一个问题是监测和核查的能力是否足够。在这里，"监测"指的是技术能力，而"核查"则是指足够维持安全的能力。支持者认为，监测技术的不断进步，会使得任何想要逃避核查之人难以进行不被探测到的试验。他们认为任何这样的试验的规模太小，不足以影响战略平衡。反对者则认为存在多种规避监测的方法，其他国家进行的秘密试验可能使美国处于严重不利地位。还有一个问题是，条约如何对核不扩散和裁军产生影响。支持者认为该条约在技术上为核不扩散做出了贡献，例如限制了武器发展计划；一些支持者认为，核不扩散应朝着核裁军的方向取得进展，而该条约是这一进程的关键一步。反对者则坚持认为强大的核威慑对于核不扩散是必不可少的，并认为核不扩散与裁军之间是无关的，并且美国已经采取了多项核不扩散和裁军行动，但国际社会对此却忽视了。本报告从美国的角度出发，对 CTBT 的利弊进行了详细全面的讨论，并包括了概述相关历史的附录。

第三章——自 1954 年以来，限制核试验就成为国际社会的重要议题。

1963年，美国批准了一项这样的条约，并在1990年又批准了两项这类条约，这些条约禁止除了爆炸当量不超过 150 千吨的地下核试验以外其他所有核试验。从1992年起，美国一直遵守着单方暂停核试验的承诺。1996年，美国签署了旨在禁止所有核爆炸的 CTBT。1999 年，美国参议院对 CTBT 投了否决票。关于该条约的辩论围绕着相关利弊问题进行，诸如美国是否能够在不进行核试验的情况下维持其核武器库、是否能够核查条约的遵守情况，以及该条约如何影响核不扩散。此外，辩论还触及了所谓的“保障措施”，即美国可以根据条约规定单方面采取的用以保护美国核安全的行动措施。为了弥补在条约机制中可能存在的“不利因素和风险”，美国参谋长联席会议提出了四项保障措施作为支持1963年条约的条件：积极的核试验计划、维持核武器实验室的运行、保持迅速恢复大气层试验的能力，以及加强情报和核爆炸监测能力。这些保障措施对于确保1963年条约获得参议院的批准起到了关键作用，更新后的保障措施成为后续条约批准努力中不可或缺的一部分。2009 年 4 月，奥巴马总统誓言将“立即且积极地”寻求美国对 CTBT 的批准。关于 CTBT 的辩论将涉及其利弊分析，以及自1999年以来这些利弊是如何变化的。与利弊考量相似的是，保障措施也可能影响参议员们对条约的综合评估；但与利弊不同的是，保障措施在立法过程中可以进行商讨和妥协。因此，它们在 CTBT 的辩论中可能扮演关键角色。为此，保障措施可以进行更新，例如可以为核武器生产厂和战略力量增加保障措施，并且可以通过执行措施来加强保障措施。虽然保障措施可能成为未来 CTBT 辩论的一部分内容，但该条约的支持者和反对者都可能对其提出批评意见。支持者可能认为增加的保障措施是多余，主张CTBT的技术基础比1999年时更加坚实。很多支持者倾向于进一步减少并最终消除核武器，并将 CTBT 视为实现这一目标的重要阶梯；在他们看来修订后的保障措施是在支持美国的核能力，这与他们的目标背道而驰。而反对者则坚称，在没有进行核试验的情况下美国无法对自己的核武器及其维护计划保持信心，并且其他国家可能会隐瞒核试验活动。他们认为，美国没有充分执行现有的保障措施，并怀疑美国在有 CTBT 保障措施时会做得更好。他们还认为，CTBT 和支持不力的保障措施都会损害美国的安全。

译 者 序

1996年9月10日，联合国第50届大会以压倒性多数审议通过了开放《全面禁止核试验条约》（CTBT）签署决议，条约要求每一缔约国承诺不进行核武器试验爆炸或任何其他核爆炸，并承诺在其管辖或控制下的任何地方禁止和防止任何此种核爆炸。2023年11月2日，俄罗斯宣布撤销批准《全面禁止核试验条约》，引起了国际上对这一条约的广泛关注。全面禁止所有核试验是核军控领域历时最久远的议题，也是增进国际和平与安全、维护国家利益的重要手段。

本书译者是北京放射性核素实验室和禁核试北京国家数据中心的科研人员，长期从事禁核试核查领域相关研究工作，对《全面禁止核试验条约》具有深刻的了解和认识。译者认为，原著从第一视角详细介绍了美国关于《全面禁止核试验条约》利与弊的思考，以及条约签订的相关历史背景和对美国国家利益的影响。故此，组织力量将其翻译出版，以期丰富我国禁止核试验研究领域的专业图书，为从事禁核试核查研究人员提供一本教辅资料，同时本书也不失为普通民众了解相关知识的一本优良读物。

本书共三章。第一章由王世联、张瑞芹翻译，第二章由李奇、樊元庆翻译，第三章由王晓明、牛亚洲翻译，李芮莹翻译了序言及其他内容，王世联、王晓明负责对全书进行了审核校对。在本书的翻译过程中陈占营、刘蜀疆、张新军、赵允刚、贾怀茂、常印忠、盛毓强、安少杭、马梦瑶等人多有帮助，特此感谢！西北核技术研究所龚兵对本书的翻译提供了很多有益的讨论和建议，一并感谢！

由于译者水平所限，译文虽几经审校，错误与不妥之处仍属难免，恳望读者批评指正。

译　者

2024 年 12 月

目　　录

■ 第一章　《全面禁止核试验条约》：背景和近期进展 …………………… 1

■ 第二章　《全面禁止核试验条约》：问题和争议 ………………………… 65

■ 第三章　《全面禁止核试验条约》更新后的“保障措施”和全面评估 ………………………………………………………… 145

第一章

《全面禁止核试验条约》：背景和近期进展*

* 此文档是 2012 年 8 月 3 日为国会议员和委员会精心编制的《国会 CRS 报告 RL33548》的修订扩展版，其原始版本来源于 WWW.CRS.GOV，经过我们细致的编辑和重新格式化工作，以便更好地呈现内容。

摘　要

禁止所有核试验是核军控领域历时最久远的议题。从 1963 年至 1990 年间，尽管有三项条约相继生效对核试验进行了限制，但仍未实现全面禁止核试验。直至 1996 年，联合国大会通过了《全面禁止核试验条约》（CTBT），这一条约禁止所有核爆炸。1997 年，克林顿总统将该条约提交至参议院审议，在 1999 年 10 月，参议院对其投了否决票。奥巴马总统在 2009 年 4 月的布拉格演讲中表示："本政府将立即积极寻求美国批准《全面禁止核试验条约》。"然而，到了 2010 年，该政府的重点转向了争取参议院对《新战略武器削减条约》的建议和同意上。尽管该政府表达了启动关于 CTBT 的"教育"运动以争取参议院同意批约的意愿，但在第 111 届或第 112 届国会期间，并未就该条约举行任何听证会。截至 2012 年 7 月，全球已有 183 个国家签署了 CTBT，其中包括俄罗斯在内的 157 个国家批准了 CTBT。不过，条约要生效，还需获得条约中规定的 44 个特定国家的批准，其中已有 41 个国家签署、36 个国家批准。为了推动条约的生效，已经召开了七次大会，最近的一次是在 2011 年 9 月 23 日。

核试验的历史源远流长，自 1945 年开始核试验以来，便一直持续至今。美国自然资源保护理事会声明，美国进行了 1 030 次核试验、苏联进行了 715 次、英国进行了 45 次、法国进行了 210 次（其中，英国进行的试验中，有 24 次是与美国共同进行的，未计入美国的总次数中）。美国的最后一次核试验是在 1992 年进行的；俄罗斯则声称自 1990 年以后未再进行过核试验。1998 年，印度和巴基斯坦宣布进行了几次核试验。虽然双方都宣布了停止试验，但它们都未签署 CTBT。朝鲜在 2006 年和 2009 年宣布进行了核试验。自 1997 年以来，美国在其内华达国家安全场进行了 26 次"次临界试验"，旨在研究钚在爆炸压力下的行为，最近的一次实验是在 2011 年 2 月进行的。美国坚称这些实验并不违反 CTBT，因为它们不会产生自持链式裂变反应。预计下一次美国的次临界试验将在 2012 年秋季或之后不久进行。据报道俄罗斯自 1998 年以来也进行了一些类似的实验。

为了在不进行核试验的情况下对美国核武器的安全、保护和可靠性保持信心，《库存管理计划》应运而生。根据能源部的半自治部门——国家核安全管理局的要求，其预算被列为“武器活动”。国会则通过年度《国家国防授法案》和《能源和水利发展拨款法案》来处理核武器问题。2012 财年的武器活动拨款为 72.14 亿美元，而 2013 财年的请求则为 75.77 亿美元。国会还考虑向全球系统提供资金以监测可能的核试验。2013 财年的相关请求为 3 300 万美元，另外还有 350 万美元用于改进 CTBT 核查机制的项目。

最新进展

2012 年 4 月 9 日，纽埃成为第 183 个签署 CTBT 的国家。3 月 30 日，美国国家研究委员会发布了一份期待已久的关于 CTBT 技术问题的报告；随后，SAIC 的 Jack Murphy 就该报告准备了一份技术评论文章。2 月 13 日，美国政府提交了其 2013 财年预算申请，其中包括为《全面禁止核试验条约》组织筹备委员会和库存管理提供的资金。2012 年 2 月 6 日，印度尼西亚向联合国交存了 CTBT 的批准书。印度尼西亚是 44 个必须批准条约才能使其生效的国家之一，而且是自 2008 年 1 月以来这些国家中首个批准该条约的国家；至此，这 44 个国家中已有 36 个批约。2011 年 12 月 2 日，联合国大会以 175 票赞成、1 票反对（朝鲜）、3 票弃权的投票结果通过了一项决议，该决议强调了 CTBT“尽早生效”的重要性。

历 史

《全面禁止核试验条约》（CTBT）于 1996 年就开放供各国签署，但它至今仍未生效，这使得禁止核试验成为军控议程上最早的议题。自 20 世纪 40 年代以来，人们一直在努力限制核试验。到了 20 世纪 50 年代，美国和苏联进行了数百次氢弹试验，这些试验产生的放射性尘埃引发了全球的抗议。在这些压力下，再加上 1962 年古巴导弹危机之后改善美苏关系的愿望，1963 年《部分禁止核试验条约》应运而生，该条约禁止在大气层、外层空间和水下进行核爆炸。1974 年签署的《限制地下核武器试验条约》禁止进行爆炸威力超过 15 万吨 TNT 当量的地下核武器试验，这一爆炸威力是广岛原子弹爆炸威力的 10 倍。1976 年签署的《和平核爆炸条约》将 15 万吨 TNT 当量的限制扩大到和平目的的核爆炸。卡特总统未追求批准这些条约，而是更愿意通过谈判达成一项禁止所有核爆炸的全面禁止核试验条约或 CTBT。但就在 CTBT 即将达成之际，卡特总统却改变了立场，屈从了一些观点，认为需要持续进行核试验以保持现有武器的可靠性、开发新武器，以及满足其他目的。里根总统对美国监测这两项未批准条约的能力提出了关切，并在他任期的后期开始就新的核查议定书进行谈判。这两项条约于 1990 年得到批准。

随着冷战的结束，对改进弹头的需求下降，而达成 CTBT 的压力在增长。苏联和法国分别于 1990 年 10 月和 1992 年 4 月相继开始暂停核试验。1992 年年初，很多美国国会议员支持暂停一年的核试验。这一努力最终促成了 1993 财年《能源和水利发展拨款法案》中的 Hatfield-Exon-Mitchell 修正案。该修正案禁止在 1993 年 7 月 1 日之前进行任何核试验，还规定了恢复试验的条件。该修正案还禁止在 1996 年 9 月之后进行核试验，除非其他国家进行核试验并要求总统每年向国会报告有关在 1996 年 9 月 30 日之前达成

CTBT 的计划。1992 年 10 月 2 日，乔治·赫伯特·沃克·布什总统签署了该法案（第 102－377 号公共法案）。CTBT 是在裁军谈判会议上进行谈判的。1996 年 9 月 10 日，联合国大会通过了这一条约，并于同年 9 月 24 日开放供各国签署。截至 2011 年 12 月，已有 182 个国家签署该条约，其中 156 个国家已经批准。

各国对核试验和 CTBT 的立场

美国：根据 Hatfield-Exon-Mitchell 修正案，克林顿总统不得不决定：是否要求国会恢复核试验。在 1993 年 7 月 3 日的讲话中，他表示："禁止核试验能够加强我们在全球范围内阻止核武器技术扩散的努力""美国武器库中的核武器是安全可靠的。"尽管核试验对安全性、可靠性和试验禁令准备方面具有优势，但克林顿总统认为："我们现在进行核试验所付出的代价——削弱我们自身的核不扩散目标，并引发其他国家恢复核试验，这超过了进行试验获得的好处。"因此，他表示：（1）将暂停核试验的期限至少延长至 1994 年 9 月；（2）呼吁其他国家延长暂停试验的期限；（3）如果其他国家进行核试验，他将指示能源部"准备进行额外的试验，同时寻求国会批准 CTBT"；（4）承诺"探索其他方式来保持我们对自身武器的安全性、可靠性和性能的信心"；（5）承诺将核武器实验室的重点转向核不扩散技术和军控核查技术。此后，克林顿总统又两次延长了暂停试验的期限；1995 年 1 月 30 日，克林顿政府决定将暂停试验的期限延长至 CTBT 生效之日，前提是该条约在 1996 年 9 月 30 日前被签署。

1997 年 9 月 22 日，克林顿总统向参议院提交了 CTBT。在随后的 1998 年和 1999 年的国情咨文演讲中，他呼吁参议院批准该条约。然而，参议院外交关系委员会主席赫尔姆斯拒绝了这一请求，称该条约"从防扩散角度来看，几乎毫无实质作用”，并且该条约对委员会来说优先级低。1999 年夏季，参议院民主党人士对杰西·赫尔姆斯和洛特参议员施压，敦促他们允许审议该条约。在此情况下，洛特参议员于 1999 年 9 月 30 日提出了一项一致同意请求，旨在解除参议院外交关系委员会对该条约的审议限制，并允许对其进行辩论和投票。经过修改后，该请求获得了通过。参议院军事委员会于 10 月 5 日至 10 月 7 日举行了听证会，外交关系委员会于 10 月 7 日举行了听证会。情况很快变得清晰，该条约远未达到获得批准所需的票数，这也导致两边的许多人开始寻求推迟投票的时间。由于投票的安排是基于一致同意的原则，并且有几位参议员反对推迟，投票于 10 月 13 日举行，该条约以 48 票赞成、51 票反对和 1 票出席的结果被否决。在第 106 届国会结束时，根据参议院×××规章第 2 款的规定，该条约被移至参议院外交关系委员会议程中，目前，该条约仍在那里等待审议。

布什政府的核态势评估与核试验问题：根据 2001 财年《国家国防授权法案》（第 106－398 号公共法案第 1041 节），国会要求国防部长会商能源部长对美国的核政策、战略、军控目标，以及为实施美国战略所需的力量、库存和核武器综合体进行审查。尽管由此产生的核态势评估报告是机密的，但国防部国际安全政策助理部长 J.D.Crouch 于 2002 年 1 月 9 日进行了一次非机密的简报，其中部分内容涉及 CTBT 和核试验问题。在这次简报中，他表示：“政府的核试验政策没有发生变化。我们仍然反对批准 CTBT，同时继续暂停核试验。”此外，他还透露能源部计划加快其试验准备项目，以缩短从决定试验到进行试验所需的时间，当时为 24～36 个月。他还讨论了新型武器的问题。“目前，报告中没有关于研发新型核武器的建议……我们正尽力研究一些倡议。其中一个就是修改现有武器以提高其对硬目标和深埋目标的打击能力。我们还在研究非核方式来解决这类问题。”2002 年 1 月 10 日的《华盛顿邮报》的一篇文章引用白宫新闻秘书 Ari Fleischer 的话称，总统尚未排除进行核试验的可能性，“以确保库存，尤其是在减少的情况下，依然可靠和安全。因此，尽管他没有排除将来进行核试验的可能，但也没有计划进行核试验”。

对于这些有关核试验和新武器的政策的影响，批评人士表示担忧。社会责任医师组织认为：“政府的计划将使我们的核武库转变成为战斗力量，追求设计和建造新的核武器，并放弃已有十年之久的暂停核试验禁令。”另一位批评者认为，增加试验准备的资金实际上等于事先批准试验。

2002 年 7 月，美国国家科学院的一份小组报告就 CTBT 技术方面得出结论，用新闻稿的话来说，“鉴于美国的核查能力比一般认为的更好，美国的对手无法通过低于探测限的试验显著提升其核武器能力，而且美国具备技术能力，能够在不进行定期核试验的情况下保持对现有武器库存的安全和可靠性的信心。”

2005 年 8 月 5 日，联合国起草了一份文件，准备由各国政府首脑和国家元首在 2005 年 9 月的联合国大会上签署，该文件包含一项规定，即签署者“决心维持暂停核试验直到 CTBT 生效为止，并呼吁所有国家签署和批准该条约。”据报道称，美国驻联合国大使约翰·博尔顿要求对该文件草案进行重大修改；其中 CTBT 章节是他反对的众多内容之一。

2007 年 6 月 25 日，国务卿康多莉扎·赖斯表示：

政府不支持《全面禁止核试验条约》，并且不打算寻求参议院的建议和同意来批准该条约。政府在这一问题上的政策没有改变。通过减少需要返回地下核试验的可能性，可靠替代弹头（RRW）使得美国更有可能继续自愿暂停核试验。但是我们无法保证自愿暂停核试验。将来某些时候，我们可能会发现在没有进行核试验的情况下，无法诊断或解决美国核威慑力量中关键弹头的问题。

同样地，关于 2008 财年《国家国防授权法案》（第 1547 节），政府政策声明中包括以下内容：

尽管政府支持继续自愿暂停核试验，但对第 3122 节关于要求批准 CTBT

的条款持强烈反对态度。为确保核威慑力量的可靠性，未来政府可能不得不对老化且尚未现代化的核弹头库存中的某些元素进行核试验，因此，把未来政府的两手捆起来是不明智的。若缺乏这样的核试验，美国可能不能诊断和解决对国家威慑战略至关重要的弹头中存在的问题。

奥巴马政府与 CTBT：2009 年 4 月 5 日，奥巴马总统在布拉格发表演讲时表示，“本届政府将立即积极寻求美国批准《全面禁止核试验条约》。”国务卿希拉里·克林顿表示，“《全面禁止核试验条约》是核不扩散和军备控制议程不可或缺的组成部分，我们将在接下来的几个月里努力寻求美国参议院的建议和同意以批准该条约，并确保其他国家批准该条约，以使该条约生效。”国防部部长罗伯特·盖茨被问及美国是否应该批准 CTBT 时回答，“我认为，如果有足够的核查措施，可能应该批准。”

2010 年 4 月，奥巴马政府发布了其核态势评估（NPR）报告，该报告聚焦于美国核武器政策和态势的五个关键目标：

1. 防止核扩散和核恐怖主义；
2. 减少美国核武器在国家安全战略中的作用；
3. 在降低的核力量水平上，维持战略威慑和稳定；
4. 加强区域威慑，向美国盟友和伙伴提供保证；
5. 维持一个安全、可靠和有效的核武库。

与政府官方声明相吻合，该报告将 CTBT 视作实现第一个目标的一个路径。它将包括 CTBT 在内的几项军备控制措施视为“加强我们动员能力的一种方式，以动员广泛的国际力量来支持在巩固核不扩散机制以及确保全球核材料安全方面所必需的举措”。报告还将对 CTBT 的批准及其尽早生效视为对防止核扩散和防范核恐怖主义的一种贡献。

> 批准 CTBT 对于引领其他核武器国家减少对核武器的依赖、降低核竞争并最终实现核裁军至关重要。美国批约还有可能鼓励包括中国在内的其他国

> 家，批准该条约，并激励剩余的其他国家努力实现该条约生效。此外，美国批准 CTBT 将使我们能够鼓励那些未加入《不扩散核武器条约》(NPT)的国家听从 NPT 承认的核武器国家的领导而正式自愿暂停核试验，并因此通过减少核武器在这些国家国防战略中的突出作用来增强战略稳定性。

该报告还呼吁作出实质努力去维护核武器并改善核武器综合体的工作人员队伍和基础设施。

美国副总统约瑟夫·拜登写道："总统已将批准 CTBT 作为政府的优先任务。他要求我引导政府努力争取参议院对该条约的支持。"美国副国务卿埃伦·陶舍尔则描述了政府为赢得参议院批准该条约所采取的战略。他表示："除非我们相信可以实际通过，否则本届政府将不会尝试争取该条约的批准……（我们正在）为获得参议院绝对多数的支持奠定基础，67 票……我们将有一个非常非常短的时间来讨论 CTBT。但一旦我们确信条件具备，我们将与参议院展开接触。"

获得参议院的建议和同意以批准 CTBT 被证明是一项具有挑战性的任务。时任参议院外交关系委员会主席约翰·克里表示："我将开始努力争取两党必要的支持，以支持美国批准全面禁止核试验条约……如果成功，这将成为新一届参议院唯一最伟大的军备控制成就，并将重建美国在防扩散领域的传统领导地位。"然而，参议院少数党领袖米奇·麦康奈尔表示："我不同意奥巴马政府最近承诺批准全面禁止核试验条约。"据报道，1999 年领导反对 CTBT 的参议员乔恩·凯尔（Jon Kyl）说："我将带头反对它并将尽我所能确保它被击败。"

参议院对 CTBT 的审议时间尚未确定。政府决定在努力提交审议 CTBT 之前，敦促参议院批准美俄新《战略武器削减条约》(新《START》)。然而，新《START》的审议落后于时间表。它将取代于 2009 年 12 月到期的《战略武器削减条约》(《START》)。奥巴马总统于 2010 年 4 月签署了新条约，并在 5 月提交给参议院审议。参议院军事委员会、外交关系委员会和情报委员会就新《START》举行了听证会，外交关系委员会也给予了肯定的报告。据报道，奥巴马总统把获得参议院的建议和同意批准新《START》作为他在即将卸任的国会会议上的首要任务之一。2010 年 12 月 22 日，参议院以 71 票对 26 票的投票结果通过了批准该条约的决议。此后，政府官员开始更多地关注 CTBT。例如，2011 年 9 月 23 日，时任国务院负责军备控制与国际安全事务的副国务卿埃伦·陶舍尔表示，“我们已经开始与参议院接触。我们愿意把我们的努力看作是一种‘信息交流’，并正在努力将这些（关于核查和库存管理能力）的事实告知成员和工作人员，其中许多人从未接触过该条约。”据报道，2012 年 7 月 20 日，时任国务院负责军备控制与国际安全事务的代理副国务卿罗斯·戈特莫勒就 CTBT 表示：“我知道我们将要进行一场艰苦的战斗，但我仍然抱有希望。我们正在努力把这些事实告诉国会山的工作人员，他们中的许多人从未接触过这项条约。”

英国：英国无法进行核试验，因为英国是在内华达试验场进行了几十年的核试验且它没有自己的核试验场。它的最后一次试验是在 1991 年进行的。1998 年 4 月 6 日，英国和法国向联合国递交了批准书，成为最早批准 CTBT 的五个核武器国家之一。2002 年 2 月 14 日和 2006 年 2 月 23 日，英国还与美国在内华达试验场联合进行了次临界试验。

为了维持现有的核弹头并在必要时开发新型弹头，英国和法国分别制定了各自的库存管理计划。例如，英国原子武器机构使用了两个场地开展工作：一是奥尔德马斯顿，它负责研发和部分制造任务；另一是伯格菲尔德，它则进行核弹头的最终装配、维护和退役处理。英国和法国也在集中共享库存管理方面的资源。2010 年 11 月英法峰会的一项声明宣布了两国的这一决定。

> 为了支持我们各自独立的核威慑能力，并完全遵守我们的国际义务，我们将在核库存管理相关的技术方面开展合作，通过在法国的瓦尔迪克

（Valduc）的一个新的联合设施进行史无前例的合作，对我们的核弹头和材料的性能进行模拟，以确保其长期的生存能力、保障和安全。英国奥尔德马斯顿（Aldermaston）的一个联合技术发展中心将为此提供支持。

法国：1995 年 6 月 13 日，法国总统雅克·希拉克宣布，法国将在南太平洋穆鲁罗阿环礁的试验场进行 8 次核试验，到 1996 年 5 月底完成。据报道，法国武装部队希望通过这些试验来检查现有弹头、验证新型弹头，并开发一套计算机系统来模拟弹头以避免进一步的试验。这一决策受到了许多国家的批评。1995 年 8 月 10 日，法国表示，一旦一系列试验结束，它将停止所有核试验，并支持禁止“任何核武器试验或任何其他核爆炸”的 CTBT。法国在 1995 年 9 月 5 日至 1996 年 1 月 27 日期间进行了 6 次试验。1996 年 1 月 29 日，希拉克宣布法国结束试验。1998 年 4 月 6 日，法国和英国向联合国交存了 CTBT 的批准书。

俄罗斯：1996 年至 1999 年期间的几次新闻报道声称，俄罗斯可能在其位于新地岛的北极试验场进行了低当量核试验；另有报道说，经过美国对数据的审查，这些事件被确定为地震事件。1998 年至 2000 年间的几份报告称，俄罗斯进行了 CTBT 没有禁止的“次临界”核实验。美国国会战略态势委员会的报告提出了支持和反对 CTBT 的论据；反对者的一个论点是，“显然，俄罗斯可能正在进行低当量试验。”2011 年 9 月的一篇文章重申了这一指控：“俄罗斯显然在继续进行非常低当量的核武器试验，尽管它承诺不这样做。”

2000 年 6 月 30 日，俄罗斯批准了 CTBT。据报道，俄罗斯表示，只要其他核大国也这样做，它就打算继续遵守暂停核试验的承诺，直到 CTBT 生效。2007 年 11 月，根据俄通社报道，俄罗斯外交部长谢尔盖·拉夫罗夫“确认俄罗斯对该条约的一贯支持，将其视为核不扩散机制的关键要素之一和一种有效的核武器限制工具。”2009 年 9 月，俄罗斯联邦总统德米特里·梅德韦杰夫说，“我们需要鼓励主要国家尽快签署和批准全面禁止核试验条约，以确保其最终生效。这一点非常重要。”

俄罗斯科学院的一位俄罗斯学者在 2010 年 11 月的一篇文章中提出了《全面禁止核试验条约》崩溃的可能性。他声称英国和法国已经批准了该条约，但没有暂停核试验，而中国和美国的情况则相反。印度、以色列、朝鲜和巴基斯坦既未批准也未暂停核试验，只有俄罗斯批准了该条约并暂停了核试验。他认为：

> 如果《全面禁止核试验条约》自 1996 年开放供签署以来已经过去了 15 年仍未生效，俄罗斯就很难成为唯一一个完全遵守该条约条款和条件的核大国。俄罗斯的官方立场是支持 CTBT 生效。但俄罗斯专家倾向于关注其崩溃的悲观情况。在不久的将来，俄罗斯可能会在 CTBT 带来的政治红利与升级其核能力的军事必要性之间面临艰难抉择。

在 2011 年促进《全面禁止核试验条约》生效会议上，俄罗斯外交部副部长谢尔盖·杰尔亚布科夫表达了俄罗斯对该条约的支持，并说到，“我们希望我们呼吁各国签署和/或批准 CTBT 的声音最终能被它们听到。”

印度：1998 年 5 月 11 日，印度总理阿塔尔·贝哈里·瓦杰帕伊宣布印度进行了三次核试验。印度政府表示，“今天进行的试验包括一个裂变装置、一个低当量装置和一个热核装置……这些试验表明印度已经拥有武器化核项目的能力。”它宣布 5 月 13 日将再进行两次试验。一项学术研究根据地震数据得出结论，印度和巴基斯坦夸大了他们试验的数量和当量。印度自 1998 年 5 月以来没有进行任何试验，但对美国是否应该期望印度签署一项被美国视为有缺陷的条约提出了质疑。在 2004 年 6 月 20 日的一项印巴声明中，“双方重申单方面暂停进行进一步的核试验爆炸”，除了“特殊事件”以外。2005 年 12 月 22 日，印度外交部部长劳·因德吉特·辛格表示：“印度已经声明不会阻碍条约的生效。”据报道，2007 年 8 月 16 日，印度外交部长普拉纳布·穆克吉告诉议会，“印度拥有进行核试验的主权，并且如果符合国家利益，印度将会进行核试验。”

2005 年 7 月 18 日，美国总统布什和印度总理辛格发布了一份关于美印核合作的声明称，“总理表示，就他而言，印度将互惠互利地同意准备继续单方面暂停核试验。”同年 11 月 2 日，美国国务院负责军控和国际安全事务的副国务卿约瑟夫在参议院听证会上表示：“印度承诺继续暂停核试验，将停止核爆炸试验作为全面民用核合作的条件之一，这有助于防扩散努力。”在那次听证会上，斯蒂姆森中心的联合创始人迈克尔克雷彭辩称，印度政府官员声称目前没有试验计划的表示与已签署 CTBT 的 176 个国家所接受的义务相比，“不具有同等的重要性，也不具有同等的责任”。据 2006 年 4 月的新闻报道称，双方正在就一份详细的核合作协定进行谈判。报道指出，美国将坚持要求印度继续暂停核试验，否则美国将有权终止协议。印度回应称它已承诺维持暂停试验，使这一条款在最终协定中失去意义。2007 年 1 月的一份新闻报道引述印度国家安全顾问纳拉扬南的话说，“签署 CTBT 是不可能的。我们是自愿暂停核试验的。这一立场没有改变。”根据 2007 年 11 月的一份报告，当一些议会议员批评美印核协定会禁止印度进行核试验时，总理辛格回应说，“如果未来有进行核试验的必要，协定中没有任何条款可以阻止我们进行核试验”（见 K.Alan Kronstadt 协调的 CRS 报告 RL33529，《印度：国内问题、战略动态和美国关系》）。

2009 年 8 月，一位前印度官员说，印度不应被“强迫”签署 CTBT，因为 1998 年的氢弹试验没有产生预期的当量。因此他说，印度“应该进行更多对于安全来说必要的核试验”。作为回应，其他印度官员声称热核试验是成功的，因此不需要进一步的试验。2009 年 12 月，为回应“奥巴马总统最近几个月再度对印度施加的要求印度签署 CTBT 的压力”，11 名科学家和曾参与印度核武器计划的其他人敦促印度政府不要签署该条约。

2010 年 10 月，日本向印度出售民用核技术的贸易协定陷入停滞，因为日本敦促印度采取步骤签署 CTBT。截至 2012 年 8 月，印度尚未签署 CTBT。

巴基斯坦：巴基斯坦在 1998 年 5 月 28 日宣布进行了 5 次核试验，并于 5 月 30 日宣布进行了第 6 次核试验。报告显示，最小装置的爆炸当量在 0 至几千吨之间，最大装置的爆炸当量为 2 千吨至 45 千吨。一些人基于不确定的地震证据质疑试验的次数。巴基斯坦声称没有进行聚变装置的测试。巴基斯坦的武器计划显然严重依赖于外国技术。巴基斯坦声称，他们测试的是“准备发射的弹头”，而不是实验装置，其中包括一枚用于“戈里”的弹头，一种射程为 900 英里的导弹，以及低当量的战术武器。作为对印度和巴基斯坦的核试验的回应，美国对这两个国家实施了经济制裁。1999 年 11 月，巴基斯坦外交部长阿卜杜勒·萨塔尔表示，除非美国解除制裁，否则巴基斯坦不会签署 CTBT，但是“我们不会成为首个进行进一步核试验的国家。”2000 年 8 月，巴基斯坦总统佩尔韦兹·穆沙拉夫说，签署 CTBT 的时机还不成熟，因为这样做可能会破坏巴基斯坦的稳定。

2005 年 9 月，巴基斯坦表示不会成为区域内首个恢复核试验的国家。2007 年 4 月，巴基斯坦总理肖卡特·阿齐兹表示，由于巴基斯坦与印度接壤，巴方不会单方面签署 CTBT。在回应印度外交部长普拉纳布·穆克吉关于核试验的声明时，巴基斯坦外交办公室发言人塔斯尼姆·阿斯拉姆表示：“巴基斯坦会认真对待印度领导层关于恢复核试验可能性的声明……印度恢复核试验将引发严重局势，迫使巴基斯坦重新审视其立场并采取符合我国最高国家利益的适当行动。”根据 2009 年 6 月的新闻报道，情况发生了变化：“‘让我告诉你，巴基斯坦没有计划签署 CTBT，’巴基斯坦外交部发言人阿卜杜勒·巴西特表示，并补充说自从 1998 年伊斯兰堡承诺，如果核对手印度签署 CTBT，巴方就会签署该条约以来，情况已经发生了变化。”截至 2012 年 8 月，巴基斯坦还没有签署 CTBT。

朝鲜的核试验

2006 年 10 月的核试验

阻止朝鲜核计划的谈判已经进行了多年，最近的谈判是在朝鲜、美国、中国、日本、韩国和俄罗斯之间进行的（称为六方会谈）。2004 年年底的一份美国中央情报局报告指出，在 2003 年 4 月的会谈中，“朝鲜私下威胁要‘转让’或‘展示’其核武器”。2005 年 2 月 10 日，朝鲜宣布：“我们……已经制造了核武器用于自卫，以应对布什政府日益明目张胆的孤立和扼杀朝鲜的政策”，并在 6 月 9 日声称它正在制造更多此类武器。2005 年 5 月 15 日，美国警告称，如果朝鲜进行核试验，美国和其他国家将采取惩罚性行动。在 2005 年 9 月的六方会谈联合声明中，朝鲜“承诺放弃一切核武器和现有核计划，并尽早回到《不扩散核武器条约》和 IAEA 保障监督机制”。

2005 年 11 月，朝鲜开始抵制会谈。2006 年 10 月 3 日，朝鲜表示它“将来将进行核试验”。作为回应，日本、英国和美国警告朝鲜进行核试验的后果；韩国则表示“深深遗憾和关切”。关于六方会谈的最新信息，请参阅由 Emma Chanlett-Avery 和 Ian E.Rinehart 编制的 CRS 报告 R41259，《朝鲜：美国关系、核外交和内部局势》。

2006 年 10 月 9 日，朝鲜宣布进行了一次地下核试验。一份报告称，其爆炸当量仅有 0.2 千吨。据其他报道，韩国地质学家将其爆炸当量估计为 550 吨 TNT 当量（0.55 千吨），法国原子能委员会估计为 0.50 千吨，俄罗斯国防部长谢尔盖·伊万诺夫将爆炸当量估计为 5 千吨至 15 千吨。

与之相比，广岛原子弹当量为 15 千吨。低于一千吨的当量远低于其他国家首次核试验的9千吨或更大当量，也低于朝鲜告诉中国的预计的4千吨当量。10月16日，美国国家情报总监办公室就该试验发布了一份声明："对2006年10月11日收集的空气样本的分析探测到了放射性碎片，这证实了朝鲜2006年10月9日在丰溪里附近进行了一次地下核爆炸。爆炸当量小于一千吨。"

大多数美国观察人士认为这次事件是一次小型核爆炸，但至多只是部分成功。有一种假设认为因设计不良，该装置未能正常内爆，导致当量大大降低。其他假设是，该装置减少了钚的使用量以节省钚这种材料，或者工程师们试图测试的是装置的设计而不是装置的当量，或者装置比预期的更小更复杂。

关于后者，洛斯阿拉莫斯国家实验室的前主任西格弗里德·赫克尔表示，朝鲜的武器设计师很可能没有测试长崎型装置（一种基本的内爆装置），因为他们可以在没有测试的情况下有很高的信心，相信这样的装置会起作用。相反，他分析朝鲜很可能测试了一种更先进的设计，即使有部分失败的风险，地震信号似乎也证实了这一点。他认为朝鲜不太可能故意设计一种微型核武器。然而，即使测试没有完全成功，他相信朝鲜从测试中学到了很多东西。

对于朝鲜来说，一种更先进的弹头比一枚长崎炸弹更具军事价值，因为导弹可以携带它，但很可能需要进一步的试验才能使弹头在军事上可用。

与韩国原州一个地震台站记录到的一次2002年地震的记录相比较，朝鲜核试验的地震记录显示出地震波形差异。例如，地震产生的地震波在几秒内形成，而爆炸产生的地震波则是突然到达的。

一旦测量了振幅，就可以估算当量，但这受到当地地质和埋藏细节等因素的影响而变得复杂。哥伦比亚大学拉蒙特-多尔蒂地球观测所的地震学、地质学和构造物理学副主管阿瑟·勒纳-拉姆表示，在不作额外的假设或推断时，地震记录对于确定事件是核爆还是常规爆炸是没有用的。采矿爆炸通常在几秒钟内引爆，以便高效地破碎岩石，因此，其地震学特征可以解释为“波纹起爆”。

然而，拉纳·拉姆说，如果朝鲜试图通过同时引爆所有炸药来模仿核爆炸的特征，仅凭地震数据几乎不可能区分常规爆炸和核爆炸。补充观测提供了更直接的证据。

核爆炸会释放某些气体的放射性同位素。它们可能需要几天时间才能达到地表，但一旦其扩散到大气中，它们就可以被专门装备过的飞机或地面站探测到。

地震台网探测爆炸的能力可能会对 CTBT 产生影响，而大多数爆炸源的当量在 1 千吨或低于 1 千吨，甚至有一个案例低至 1 千吨的 1/5。

该条约的支持者声称，能够探测到亚千吨级试验的能力应该可以否定以监测能力不足而反对该条约的争论。

例如，CTBTO 筹备委员会声明：“CTBT 的核查机制证明它能够满足对它设定的期望”，即使试验的当量较低，IMS 已完成 60%，惰性气体系统已完成 25%。

批评人士回应称，这次试验并非逃避性进行；逃避性的情况，如在地震期间或在大型地下腔室中进行核试验，可能会破坏监测努力；而亚千吨级试验可能有助于发展核武器。

2009 年 5 月的核试验

2009 年 5 月 25 日，朝鲜宣布进行了第二次核试验。美国国家情报总监办公室表示：“美国情报部门评估认为，朝鲜可能在 2009 年 5 月 25 日在丰溪里附近进行了一次地下核爆炸。爆炸当量约为几千吨。对此事件的分析仍在进行中。”

这次试验是否为核试验缺乏确定性，因为地震信号，包括国际监测系统

（IMS，下文有描述）的 61 个台站探测到的信号，与核试验一致，而 2006 年和 2009 年的地震信号非常相似，但公开来源并未报告探测到可以提供核试验确凿证据的物理证据，如放射性惰性气体同位素，特别是那些半衰期短的放射性惰性气体同位素，或放射性微粒（放射性落尘）。例如，CTBTO 筹备委员会表示：

> 放射性惰性气体的探测，特别是氙，可以用来证实地震的发现。与 2006 年宣布的朝鲜核试验相反，迄今为止，还没有 CTBTO 的惰性气体（探测）台站以特征方式探测到可归因于 2009 年朝鲜事件的氙同位素，尽管系统运行良好且该区域的网络密度比 2006 年高得多……
>
> 使用了自身的国家技术手段的 CTBTO 成员国也没有报告任何此类测量结果。鉴于放射性氙的半衰期相对较短（在 8 小时至 11 天之间，具体取决于同位素），国际监测系统在数周后探测或识别来自此事件的氙是不太可能的。

未探测到放射性废物的可能原因包括朝鲜吸取了 2006 年试验的经验教训，在封堵放射性废物方面取得了进展；对试验场的地质进行了详细研究，以确定试验位置远离放射性废物可能借以到达地表的潜在途径；放射性废物的释放量低于探测限；试验可能是一次大型化学爆炸；运气好；或者是某种组合。

有关 2009 年试验的进一步讨论，请参阅由 Jonathan E.Medalia 编制的 CRS 报告 R41160，《朝鲜的 2009 年核试验：封堵、监测、影响》。

为了应对这一事件，联合国安全理事会于 2009 年 6 月 12 日通过了 1874 号决议。除其他事项外，该决议对朝鲜核试验“表示最严重的关切”，“以最强烈的措辞谴责朝鲜核试验”，要求在一定的情况和条件下对往来于朝鲜的货物进行检查，并实施了各种金融制裁。

自第二次核试验后不久，关于朝鲜是否在准备进行另一次核试验，出现了相互矛盾、模棱两可或猜测性的报道，其中最近的一些报道是在 2011 年 2 月和 4 月。

截至 2011 年 12 月，朝鲜尚未进行另一次试验，也未签署 CTBT。

朝鲜的其他试验?

2010 年 5 月，监测通常由核爆炸释放的放射性气体的传感器在朝鲜附近探测到了这样的气体。然而，地震监测台站没有探测到具有核爆炸特征的地震信号。

在 2012 年发表的一篇文章中，瑞典国防研究局的拉斯-埃里克・德吉尔发现，这些"观测结果与朝鲜在 2010 年 5 月 11 日进行的低当量核试验一致。"德吉尔进一步得出结论，另一种放射性同位素几乎不存在，这"只可能被解释为试验地点事先受到了严重的（放射性）氙-133 的污染，例如，这种污染可能来源于先前在同一腔室中进行的试验"；考虑到 5 月试验未被地震监测手段探测到，这次试验的当量一定在 50 吨至 200 吨（0.05 千吨到 0.2 千吨）之间；而且放射性气体中探测到的特殊信号表明，"2010 年 5 月 11 日试验的（核）装药使用了铀-235 作为裂变燃料。"

其他人质疑德吉尔的分析。詹姆斯・马丁防扩散研究中心东亚防扩散项目主任杰弗里・刘易斯（Jeffrey Lewis）认为，"用于解决这个问题的数据和工具存在重大不确定性。"另一个关切的问题是缺乏地震信号。根据一则新闻报道，它引述了一位退休的曾在禁核试组织的探测网络工作了多年的地球物理学家奥拉・达尔曼（Ola Dahlman）的说法，他说："最麻烦的是没有任何地震振动数据来支持放射性同位素数据。"

达尔曼说，朝鲜半岛对核爆炸产生的最微弱震动都了如指掌。"它应该能看到一些东西"。他对德吉尔的文章几乎没有进一步作评论。

CTBT：谈判、条款、生效、CTBTO 预算

CTBT 谈判与《不扩散核武器条约》

裁军谈判会议，简称 CD，自称为“国际社会唯一的多边裁军谈判论坛”。它隶属于联合国并由联合国资助，但又独立于联合国。该会议的运作方式是协商一致，每一成员国都可以阻止一项决定。1993 年 8 月 10 日，CD 给予其关于禁止核试验的特别委员会“谈判全面禁止核试验条约的授权”。1993 年 11 月 19 日，联合国大会一致通过了一项决议，呼吁谈判 CTBT。1994 年 1 月 25 日，CD 会议在日内瓦开幕，谈判 CTBT 是其首要任务。

《不扩散核武器条约》（NPT）的延期问题不得不作为优先考虑的事项。该条约于 1970 年生效。它将世界划分为拥有核武器的国家即美国、苏联、英国、法国和中国这五个宣布拥有核武器的国家，也是联合国安理会的五个常任理事国（“P5”），以及无核武器国家。P5 将是 NPT 中唯一拥有核武器的缔约国，但它们（和其他国家）将真诚地就尽快停止核军备竞赛、核裁军以及全面彻底裁军进行谈判。无核武器国家将达成 CTBT 视为在这些问题上是否有诚意的试金石。NPT 规定每五年进行一次审议；它生效 25 年后的 1995 年进行的审议将决定该条约是无限期延长，还是延长一个或多个固定期限。1995 年 4 月至 5 月的审议和延期大会无限期延长了该条约。此次延期伴随着一些措施，包括一项关于《核不扩散与裁军的原则和目标》的决定，该决定提出了 NPT 的普遍性、建立无核武器区等目标，并强调了“不迟于 1996 年谈判完成一项普遍的并可国际有效核查的 CTBT 的重要性”。

对 NPT 缔约国具有约束力的延长决定是有争议的。无核武器缔约国认

为，P5 未能履行 NPT 的义务，因为他们没有达成 CTBT。他们认为在逐渐结束军备竞赛方面的进展是不够的。他们批评 NPT 具有歧视性，因为它将世界划分为有核国家和无核国家，并主张建立一个没有国家拥有核武器的机制。在他们看来，CTBT 象征着这一机制，因为与 NPT 不同，P5 将放弃某些实质性的东西，即开发新型先进弹头的能力。一些无核国家将延长 NPT 视为他们争取达成 CTBT 的最后手段。其他无核国家认为，NPT 符合所有国家的利益，除了潜在的扩散国，除非无限期延长，否则都将损害大多数国家的安全，而且 NPT 太重要了，不能把它作为向 P5 施压、要求达成 CTBT 的一种手段而冒险。明确将 CTBT 与 NPT 联系起来，使关于前者的谈判变得迫切。

1996 年 8 月，裁军谈判会议（CD）达成了一项条约草案。印度认为，CTBT“应该牢固地根植于全球裁军背景，并通过条约语言与在一定时间框架内消除所有核武器相联系。”印度还希望达成一项条约，禁止不涉及核试验的武器研究。

这份条约草案未满足这些条件，而核武器国家拒绝了这些条件，因此，在 8 月 20 日的裁军谈判会议上，印度行使了否决权，阻止该条约草案作为裁军谈判会议的文件提交给联合国大会。为了寻求另一种途径来开放条约供签署，澳大利亚于 8 月 23 日要求联合国大会考虑一项决议，以通过 CTBT 案文草案并请秘书长将其开放供签署，以便该条约草案能以简单多数或印度所寻求的 2/3 多数通过，从而避免协商一致的需要。一个潜在的陷阱是该决议（即条约案文）是可以修订的，但核武器国家认为修订是不可接受的。在 9 月 10 日举行的投票中，印度未设置障碍，最终，有 158 个国家赞成、3 个国家（印度、不丹和利比亚）反对、5 个国家弃权、还有 19 个国家未参与投票。

2000 年 4 月 24 日至 5 月 19 日，第六次 NPT 审议大会在纽约举行。美国拒绝了 CTBT，中国未批准该条约，美国努力寻求重新谈判《反弹道导弹条约》（ABM），以及在中东禁止核武器的努力，这些举动使一些人担心这次会议的结果会很糟糕。幸好，一些有争议的问题得到了解决或避免，并作出了让步。同时，P5 在 5 月 1 日的会议上发表联合声明称，“应当不遗余力地确保 CTBT 成为一项普遍的、国际上可有效核查的条约，并确保其尽早生效”。

由于多个国家的努力，会议的最终文件以协商一致的方式获得通过。该文件包括一个 13 步核裁军行动计划，其中，前两项内容要求该条约尽早生效，并在生效前暂停核爆炸。

在 2005 年 5 月的 NPT 审议大会上，CTBT 成为争论的焦点。例如，菲律宾共和国外交部部长阿尔贝托•罗慕洛表示：“新核武器技术的研发计划以及 CTBT 未能生效，严重侵蚀了 NPT 的历史根基。”乌克兰外交事务副部长伊霍尔·多尔霍夫也表示：“乌克兰继续强调条约尽早生效的重要性和紧迫性，并呼吁所有尚未加入条约的国家应立即无条件地加入该条约。”巴西大使罗纳尔多·萨登贝尔格表示：“巴西一贯呼吁 CTBT 的普遍化，我们认为这是裁军和不扩散机制的一个基本组成部分。”

2010 年 5 月 3 日至 28 日，第八次 NPT 审议大会在纽约联合国总部举行。在此次会议上，许多发言人支持 CTBT。美国国务卿希拉里•克林顿说：“我们已经承诺批准 CTBT。”

印度尼西亚外交部长纳塔莱加瓦宣布：“印度尼西亚正在启动批准《全面禁止核试验条约》的进程。”

印度尼西亚是必须批准 CTBT 才能使其生效的剩余九个国家之一（随后，印度尼西亚于 2012 年 2 月 6 日向联合国交存了其批准书，这使得必须批准该条约才能使其生效的国家数量减少至八个）。纳塔莱加瓦代表不结盟运动（NAM）在另一份声明中说，“不结盟运动中的（NPT）缔约国强烈敦促本次审议大会明确和坚决地拒绝核威慑政策，并禁止一切形式的核武器试验，以彻底消除核武器。”

一位代表欧洲联盟的发言人指出，“实现 CTBT 的迅速生效”是“实现 NPT 第六条所规定的义务和最终目标不可或缺的（步骤）。”五个最初的核武器国家宣布：

> 我们重申决心在《全面禁止核试验条约》（CTBT）生效前，遵守各自暂停核试验爆炸的承诺，并呼吁所有国家不进行核试验爆炸。暂停核试验虽然重要，但它并不能替代根据 CTBT 作出的具有法律约束力的承诺。我们将继续努力使 CTBT 尽快生效并实现其普遍性，并呼吁所有尚未签署和批准该条约的国家签署和批准该条约。

在其最终文件中，“审议大会重申《全面禁止核试验条约》作为国际核裁军和不扩散机制的一个核心要素，它的生效至关重要”，并决定“所有核武器国家承诺尽一切可能批准《全面禁止核试验条约》。”

CTBT 关键条款

范围（第一条）：该条约的核心是“不进行任何核武器试验爆炸或任何其他核爆炸”。这一规定禁止了一些核武器国家想要的非常低当量试验，也禁止了中国想要的和平核爆炸，同时拒绝了印度的关切，即 CTBT 应当“不给继续发展和完善核武器的活动留下任何漏洞，无论是爆炸性的还是非爆炸性的活动”。关于该禁令是否涵盖最微小核当量的试验，各方意见不一。该条约的反对者认为，该条约“未能界定它所声称禁止的”，即“核试验”，而俄罗斯认为流体核试验（产生几克到几百磅核当量的试验）是允许的，并且俄罗斯已经进行了此类试验。此外，有人认为，使用当前技术可能无法探测到非常低核当量的试验。支持者则回应称，谈判记录清楚地表明，俄罗斯同意“产生核当量的实验……将被禁止”。根据美国国务院的说法：

> CTBT 禁止一切能够产生任何种类的自持、超临界链式反应的核爆

> 炸……在条约中未对禁止范围做出具体定义，是包括美国在内的谈判各方深思熟虑后作出的一项决定，这是为了避免通过列举高度技术性和具体的清单来说明哪些具体活动是条约允许的，哪些是不允许的，以确保不造成任何漏洞。对条约谈判过程的历史进行的全面回顾，以及世界各国领导人和协定谈判者的声明，表明所有国家都理解并接受 CTBT 是一项“零当量”条约。

组织（第二条）：该条约确立了一个由全体成员国组成的全面禁止核试验条约组织（CTBTO），以执行条约。CTBTO 下设三个组，即缔约国大会、执行理事会和技术秘书处。缔约国大会，由每一成员国的一名代表组成，它应召开年度会议和特别会议，审议和决定条约范围内的问题，并监督其他小组的工作。执行理事会由 51 个成员国组成，除其他事项外，它应就现场视察请求采取行动，并可要求召开大会特别会议。技术秘书处应履行核查职能，包括运行国际数据中心（IDC）、处理和报告来自国际监测系统的数据、接收和处理现场视察请求。

核查（第四条）：该条约建立了一个核查机制。该机制规定了信息的收集和分发，允许缔约国使用国家核查技术手段进行核查，并规定了技术秘书处的核查责任。它建立了一个国际监测系统（IMS），并规定了现场视察。条约要求 IMS 建成后在全球拥有 321 个台站，以监测可能表明核爆炸的信号；170 个地震台站负责监测地球上的地震波；11 个水声台站负责监测水下声波；60 个次声探测器阵列负责监测大气中的低频声波；80 个放射性核素台站用于探测可能由核爆炸产生的放射性粒子和（对于其中一半的台站）放射性氙气，以及 16 个放射性核素实验室用于分析放射性样品。地震台站中，其中 50 个为基本地震台站，将向 IDC 连续实时提供数据，而另 120 个则为辅助地震台站，在 IDC 提出要求时提供数据。截至 2012 年 8 月，337 个设施中，有 28 个已规划、22 个正在建设中、16 个正在测试、271 个已得到核证，即它们已完成并满足筹委会的技术要求。核证后的台站自动、连续地向

IDC 传输数据，除了辅助地震台站和放射性核素实验室，它们将根据 IDC 的要求传输数据。2008 年 3 月，筹委会启动了国际科学研究（ISS）项目。2009 年 6 月 10 日至 12 日在奥地利维也纳举行了一次报告其结果的会议。“ISS 的目标是促进 CTBTO 筹备委员会跟上科学和技术进步的能力，并加强该组织与科学界之间的合作。”批评人士会指出，关注进展意味着对可能的困难关注较少。2011 年 6 月 8 日至 10 日，在维也纳也举行了一次类似的会议。下一次 ISS 会议将于 2013 年举行。2008 年 9 月，筹委会在哈萨克斯坦进行了大规模的综合外场演练 2008，以模拟一次完整的现场视察。筹委会称该演练是成功的。2010 年 11 月，筹委会在约旦进行了一次模拟现场视察，以提高探测秘密试验证据的能力。2011 年 10 月 24 日，筹委会批准了 2014 年综合外场演练的 1 030 万美元预算。

条约的审议（第八条）：该条约规定在生效 10 年后举行一次会议（除非多数缔约国决定不举行该会议），以审议该条约的实施情况和有效性。此后，每隔 10 年或更短的时间可举行进一步的审议会议。截至 2011 年 12 月，该条约尚未生效，因此，尚未举行过第八次会议。

期限和退出（第九条）：“本条约应无限期有效。”然而，“每一缔约国在行使其国家主权时若断定与本条约主题有关的非常事件已使其最高利益受到危害，应有权退出本条约中。”克林顿总统在 1995 年 8 月 11 日的讲话中表示，作为美国加入 CTBT 的几个条件之一，他可能愿意利用这一许多军控协定所共有的退出条款退出该条约。

生效（第十四条）：条约将在附件 2 中列出的 44 个国家交存批准书后的第 180 天起生效，但不得早于条约开放供签署之日起两年。如果该条约在开发供签署三年后未能生效，并且已经交存批准书的国家的多数又希望生效，则应召开一次由这些国家参加的会议，以决定如何加快批准。除非另有决定，此类后续会议将每年举行一次，直至生效为止。这 44 个国家是那些拥有核反应堆并参与了 1996 年裁军谈判会议工作的国家，且它们是在 1996 年 6 月 18 日及之前成为裁军谈判会议的成员。这个表述包括核能力国家和核门槛国家（尤其是以色列，与其他国家一起于 1996 年 6 月 17 日加入了裁军谈判会议），但不包括南斯拉夫。截至 2011 年 12 月，这 44 个国家中，印度、朝鲜和巴基斯坦尚未签署该条约，中国、埃及、伊朗、以色列和美国已经签署但尚未批准该条约。2009 年 9 月 24 日至 25 日，在联合国纽约总部举行了一次第十四条会议；国务卿希拉里·罗德姆·克林顿等人在会议上发表了讲话。最近一次会议于 2011 年 9 月 23 日在纽约联合国总部举行。在这次会议上，美国国务院负责军备控制和国际安全事务的副国务卿艾伦·陶舍尔表示，奥巴马政府的最高优先事项之一是批准并使该条约生效，美国将向全面禁止核试验条约组织筹委会提供分摊会费以外的 3 440 万美元的额外捐款，并表示“我们已经开始与参议院接触”，尽管“没有确切的时间表”。

附件：附件 1 列出了各国家的区域分组；附件 2 列出了根据第十四条，必须批准该条约以使其生效的 44 个国家。

议定书：该议定书详细说明了 IMS 及国际数据中心的功能（第一部分），详细阐述了现场视察程序（第二部分），并规定一些建立信任措施（第三部分）。议定书附件 1 列出了国际监测系统设施：地震台站、放射性核素站和实验室、水声台站和次声台站。议定书附件 2 提供了一份变量清单，除其他外，这些变量可用于分析来自这些台站的数据以筛选可能的爆炸。

促进生效的国际努力

CIBT 第二条设立了全面禁止核试验条约组织（CTBTO）。但是，该组织直到条约生效后才会成立。作为一项临时措施，签署该条约的国家于 1996

年 11 月 29 日通过了一项设立全面禁止核试验条约组织（CTBTO）筹备委员会（PrepCom）的决议，“以便为全面禁止核试验条约的有效执行作好必要准备，并着手筹备条约缔约国大会第一届会议。”从 1996 年 11 月至 2011 年 10 月，筹委会共举行了 37 次会议；截至 2011 年 12 月，下一次筹委会会议定于 2012 年 6 月 14 日至 15 日举行。此外，工作组和咨询组计划于 2012 年举行 9 次会议。筹委会还举办培训课程和研讨会等。能力发展倡议就是一个例子，其目标是“培训和教育下一代 CTBT 专家”，这项倡议“是筹备委员会培训和教育活动的一个关键组成部分，其重点是在条约及其核查机制的技术、科学、法律和政治方面建立和维持必要的能力。”例如，2012 年 7 月 16 日至 20 日举行的一次强化政策课程就是这项倡议的一部分。

自 1999 年开始，联合国每两年根据第十四条举行一次生效大会。CTBTO 筹备委员会则担任这些会议的秘书处。2009 年大会的最终宣言指出，“自 2007 年促进 CTBT 生效大会以来的相关国际形势的发展使得该条约的生效比以往任何时候都更加紧迫”，并通过了 10 项促进条约生效的措施。最近的一次大会于 2011 年 9 月 23 日，在纽约联合国总部举行。本次会议的最终宣言强调了尽早使条约生效的重要性，称终止核武器试验是“实现全球消除核武器目标的有意义的一步”，并列出了 10 项“促进条约早日生效的具体步骤”，包括鼓励组织地区研讨会以提高对该条约重要性的认识，向各国提供法律援助以促进批准进程，并鼓励与政府间组织、非政府组织和其他机构合作，提高对该条约的认识和支持。

还有其他要求 CTBT 生效的呼声。2002 年 9 月，包括英国、法国和俄罗斯在内的 18 国外交部长共同发表了一份声明，呼吁 CTBT 早日生效。2002 年 11 月 22 日，联合国大会通过了第 57/10 号决议（164 票赞成、1 票反对、5 票弃权），敦促各国继续暂停核试验，并敦促尚未签署和批准 CTBT 的国家尽快签署和批准该条约，避免采取有损于条约目标和宗旨的行动。在给 2003 年大会的信息中，联合国秘书长科菲·安南敦促那些必须批约才能使条约生效的国家，尤其是朝鲜，批准该条约，并敦促继续暂停核试验："在任何情况下都不能容忍核试验。"2003 年 2 月 25 日，拥有 116 个成员国的不结盟运动会议结束。其最终文件指出，各国元首或政府首脑"强调实现普遍遵守 CTBT 的重要性，包括所有核武器国家。"2004 年 9 月 23 日，来自 42 个国家的外交部长呼吁迅速批准 CTBT，特别是那些需要批准才能使条约生效的国家迅速批准条约。2006 年 6 月，由瑞典组织的一个国际委员会——大规模杀伤性武器委员会发布了一份报告，报告敦促所有尚未签署和批准 CTBT 的国家"无条件地、毫不拖延"地签署和批准该条约。报告建议，2007 年 CTBT 签约国会议"应讨论该条约临时生效的可能性。"报告指出，"本委员会认为美国批准 CTBT 的决定将强烈影响其他国家效仿。这将显著提高条约生效的机会，并对军控和裁军产生比任何其他单一措施更多的积极影响。"2006 年 9 月，为纪念 CTBT 开放供签署 10 周年，59 国外交部长就该条约发表了一份联合声明，"（呼吁）所有尚未签署和批准该条约的国家立即签署和批准该条约，尤其是那些为使其生效而需要批准该条约的国家。"

2007 年 1 月，乔治·舒尔茨、威廉·佩里、亨利·基辛格和山姆·农敦促美国致力于构建一个无核武器世界，其中一步就是"与参议院启动一项两党合作程序，包括增进信任和提供定期审查的谅解，以实现《全面禁止核试验条约》的批准，还有利用最新的技术进步以及努力确保其他关键国家批准该条约。"作为回应，几周后，米哈伊尔·戈尔巴乔夫呼吁核武器国家批准 CTBT，并采取其他行动。同年 11 月 19 日，国防部长哈罗德·布朗和中央情报局局长约翰·德奇建议以一个可续签的五年期 CTBT 取代现有的条约。2008 年 1 月，乔治·舒尔茨、威廉·佩里、亨利·基辛格和山姆·农再次呼吁，除其他事项外，"推动（CTBT）生效的进程"，并称 IMS 是"美国应该紧急支持的努力，甚至在批准 CTBT 之前"。在 2008 年 4 月的参议院证词中，洛斯阿拉莫斯国家实验室前主管西格弗里德·赫克表示，没有核试验，“我们（在美国核武器方面的）信心会慢慢变成零”，但是美国恢复核试验会冒着其他国家也恢复核试验的风险。“今天我个人在权衡那些风险时，我绝对赞成批准《全面禁止核试验条约》，这是符合我们国家和世界的利益的。”2011 年 4 月 30 日，来自 10 个国家的外交部长表示，“我们呼吁所有尚未签署和批准 CTBT 的国家签署和批准该条约……我们相信，有效终止核试验将增强而不是削弱我们的国家和全球安全，并将大大加强全球不扩散和裁军机制。”

NPT 审议大会筹备委员会的首次会议于 2007 年 4 月至 5 月在奥地利维也纳召开。委员会主席发布了一份文件，其中指出，“各方对 CTBT 表示了强烈支持，并强调了该条约早日生效的重要性和紧迫性。委员会敦促尚未批准该条约的国家，尤其是那些为使其生效而必须批准该条约的剩余 10 个国家，立即无条件地批准该条约。”一名德国代表以欧盟的名义发言说，“欧盟再次呼吁各国，特别是那些附件 2 所列的国家，立即无条件地签署和批准该条约，并在条约生效前遵守暂停核试验的承诺，并避免任何违反 CTBT 义务和规定的行动。”2008 年 4 月至 5 月，筹备委员会的第二次会议在日内瓦召开。在会议上，几十个国家发表了支持 CTBT 及其生效的声明。2010 年 5 月 3 日至 28 日大会召开，正如前面所述，许多与会者呼吁 CTBT 生效。2008 年 9 月 24 日，第四次 CTBT 部长级会议在联合国总部举行，96 个国家签署了一份声明，呼吁立即签署和批准该条约并继续暂停核试验。2008 年 12 月 2 日，联合国大会通过了一项决议（文件号 A/63/395），敦促各国签署和批准 CTBT，投票结果是 175 票赞成，1 票反对（美国），3 票弃权（印度、毛里求斯、叙利亚）。2008 年 12 月，美国科学促进会、美国物理学会和战略与国际研究中心发布了一份报告，题为“21 世纪美国国家安全中的核武器”，其中列出了委员会普遍持有的一个观点即“可能的新中间派核倡议一揽子方案”的一部分，“如果与下文所述的其他相互关联的核倡议相契合，应批准 CTBT。这些倡议包括“建立一个国际核取证数据库”“争取达成《裂变材料禁产条约》”，和“美国应在必要时继续翻新和更新其核库存，但不是通过‘多样选择’方法创造新的核武器能力。”2009 年 5 月，美国国会战略态势委员会发布了其报告，并在美国批准 CTBT 的问题上存在分歧，这是该委员会未能达成一致的唯一问题。美国外交关系委员会的一个工作组在 2009 年的一份报告中“认为利大于弊，CTBT 符合美国的国家安全利益。”2010 年 9 月 23 日，24 位外交部长就 CTBT 发表了一个联合声明，呼吁“所有尚未签署和批准该条约的国家立即签署和批准该条约”，并承诺“将该条约作为最高政治层面关注的焦点。”2011 年 12 月 2 日，联合国大会通过了一项决议（A/RES/66/64），再次敦促 CTBT 尽早生效；投票结果为赞成 175 票、反对 1 票（朝鲜）、弃权 3 票（印度、毛里求斯、叙利亚）。与 2008 年类似的决议不同，这项决议得到了 NPT 承认的所有五个核武器国家的赞助。

CTBTO 筹备委员会的预算

筹委会的分摊预算以美元加欧元表示；其 2012 年预算为 5 200 万美元加 5 980 万欧元（筹委会使用日历年作为其财年）。美国的分摊额占总额的 22.35%。美国为筹委会提供的资金为：2002 财年实际支出 1 660 万美元；2003 财年实际支出 1 820 万美元；2004 财年实际支出 1 890 万美元；2005 财年实际支出 1 880 万美元；2006 财年实际支出 1 420 万美元；2007 财年实际支出 1 350 万美元；2008 财年拨款 2 380 万美元（经过《综合拨款法案》的全面削减）。而 2009 财年的请求为 990 万美元，但通过公共法案第 111-8 号，2009 财年综合拨款法案提供了 2 500 万美元，2010 财年拨款为 3 000 万美元。这些资金属于核不扩散、反恐、排雷及相关计划下的国际事务预算。布什政府在 2007 财年预算说明中指出，这些资金用于“支付正在发展和实施的国际监测系统（IMS）中美国要分摊的费用，该系统补充了美国探测核爆炸的能力。由于美国不寻求批准 CTBT 和使其生效，因此这些资金不会支持与 IMS 无关的筹委会活动。”奥巴马政府采取了不同的方法。2009 年 9 月，国务卿克林顿表示，“我们准备支付我们在筹委会预算中的份额，以便 CTBT 生效时，全球核查机制能够完全运作。”2010 年，美国支付了前几年的未偿余额 2 232.3 万美元。2012 年美国的分摊会费为 1 160 万美元加 1 340 万欧元。截至 2012 年 7 月 27 日，美国的未偿余额为 80 万美元加 100 万欧元，所有成员国的未偿余额总额为 2 100 万美元加 1 510 万欧元。

美国政府为筹委会提出的 2011 财年请求分为两部分。一部分是 3 300 万美元的自愿捐款，“用于资助全球国际监测系统的建立、运行和维护”。此外，2011 财年还新增一笔给 CTBTO 筹委会的自愿捐款（1 000 万美元），旨在资助特定项目，以提升条约核查机制的有效性和效率。美国政府为筹委会提出的 2012 财年请求也是两部分，3 300 万美元用于支持 IMS，而 750 万美元则用于特定项目。2011 年 9 月，副国务卿塔乌舍尔表示，美国在 8 月宣布向 CTBTO 筹备委员会捐款 890 万美元，“以支持加速发展 CTBT 核查机制的项目”，并且在 9 月，她表示美国“已与临时技术秘书处达成谅解备忘录，将捐款至多 2 550 万美元，用于重建位于南印度洋克罗泽岛的水声监测台站”。2013 财年的请求称，“向全面禁止核试验条约组织筹备委员会的自愿捐款（3 300 万美元）用于资助全球性国际监测系统的建立、运行和维护。此外，另 350 万美元将用于资助特定项目，以提升条约核查机制的效力和效率。”

库存管理

P5 国家希望在 CTBT 的框架下维护其核弹头，并声称，他们需要计算机和科学设施来做到这一点。他们还希望在其他国家退出 CTBT 的情况下，或在对关键武器保持高度信任需要进行试验的情况下，保留恢复试验的能力。无核国家担心，P5 国家会在 CTBT 的框架下用计算和非核实验取代试验，继续设计新的弹头。维护核武器，特别是不通过试验，被称为“库存管理”。

美国国会在 2000 财年《国防授权法案》第 106－65 号公共法案（第 1059 条）第三十二章中，设立了国家核安全管理局（NNSA），作为能源部的一个半自主机构，专门负责库存管理和相关计划。在 NNSA 的预算中，库存管理由武器活动账户资助，主要用于以下几个方面：与库存武器直接相关的工作，即直接支持库存武器的活动；为发展和保持长期的库存核证能力而进行的相关技术活动；以及技术基础和设施的准备就绪，主要是武器综合体的基础设施及其运行。具体的拨款情况如下：2001 财年拨款 50.06 亿美元；2002 财年拨款 54.29 亿美元；2003 财年拨款 59.54 亿美元；2004 财年拨款 64.47 亿美元；2005 财年拨款 66.26 亿美元；2006 财年拨款 63.7 亿美元；2007 财年拨款 62.59 亿美元；2008 财年拨款 63.02 亿美元；2009 财年拨款 63.8 亿美元；2010 财年拨款 63.84 亿美元；2011 财年拨款 68.96 亿美元；2012 财年拨款 72.14 亿美元；

2013 财年的武器活动资金申请金额为 75.773 亿美元。众议院通过的《国防授权法案》（第 4310 号众议院委员会报告）（2012 年 5 月 18 日，299－120 号）提供了 79.01 亿美元。众议院通过的 2013 财年能源和水利发展法案（第 5325 号众议院委员会报告）（255-165，6 月 6 日）提供了 75.123 亿美元。参议院军事委员会在其第 3254 号报告中建议拨款 76.023 亿美元，而拨款委员会在第 2465 号报告中则建议拨款 75.7730 亿美元（若想进一步了解有关武器活动预算的详细信息，请参阅 CRS 报告 R42498《能源和水资源发展：2013 财年拨款》，由 CarlE.behrens 协调）。

库存管理是一个具有争议的问题。它取决于参议院对批准 CTBT 的意见与共识（这也是参议院在关于批准《新削减战略武器条约》（New START）的意见和共识辩论中同样存在的问题）。从 1963 年开始，美国已经实施了一系列符合条约限制的“保障措施”或单方面行动来维护核安全。肯尼迪总统对这些保障措施的同意对于 1963 年条约获得参议院的批准至关重要。1990 年，作为批准《限当量条约》和《和平核爆炸条约》的决议的一部分，对这些保障措施进行了修改。克林顿总统再次修改了这些保障措施。1995 年 8 月 11 日，克林顿总统在宣布以零当量 CTBT 为目标的演讲中说道：

> 作为这一决定的核心部分，我正在建立一系列可靠具体的保障措施，确定美国将在什么条件下实行全面禁止核试验。这些保障措施将加强我们在情报、监测与核查、库存管理、维护我们的核实验室，以及试验准备等领域的承诺。

这些保障措施具体包括：保障措施 A：“实施科学的库存管理计划，以确保对现役库存核武器的安全性和可靠性具有高度信心”；保障措施 B：“保持现代化的核实验室设施和计划”；保障措施 C：“维持恢复 CTBT 所禁止的核试验活动的基本能力”；保障措施 D：“开展全面的研究和开发计划，提高我们的条约监测能力”；保障措施 E：开展“世界核武库、核武器开发计划及相关核计划信息”的情报计划；以及保障措施 F：一项谅解，即若国防部长和能源部长通知总统，“他们认为对我们核威慑力量至关重要的某种核武器类型的安全性或可靠性无法再得到高度信任，总统在与国会协商后，可根据标准的‘最高国家利益’条款退出 CTBT，以便进行必要的试验。”1997 年，克林顿政府向参议院递交了 CTBT，并附带了计划完全相同的保障措施，参议院进一步修改了这些保障措施，通过了关于批准 CTBT 的决议的修正案（尽管修正案通过了，但该决议最终被否决）。

关于库存管理计划，克林顿总统说，能源部长和核武器实验室的主管们向他保证，美国可以在 CTBT 框架下通过科学的库存管理计划来维持其核威慑力量。他说：“为使这一计划得以成功，政府和国会必须在未来十年甚至更长时间内持续得到两党的支持。”

1999 年，在参议院关于 CTBT 的辩论中，不进行核试验来维持核武器的库存管理计划的能力成了一个关键问题。条约反对者声称，库存管理计划无法保证核武器的维持，并且实验、计算机模型和其他技术可能无法解决随着时间推移而出现的一些问题。他们进一步认为，在该计划的各项措施完全到位之前可能需要长达十年时间，而到那时，许多具备试验经验的武器设计师可能已经退休。支持者认为，经过对库存的三次核证，该计划极可能奏效，并且在不经试验就无法保持对关键武器类型的高度信任的情况下，保障措施为美国提供了退出条约的保障。截至 2011 年 8 月，美国国防部和能源部已完成 15 次年度评估。

2009 年，几份报告均对核武器库存管理表达了担忧。美国国会战略态势委员会提出：“硬件基础设施亟须改造……同时情报基础设施也面临严重问题。”外交事务委员会的工作组发现：“存在对确保核武器实验室具备顶尖水平劳动力的关注。”而一份 JASON 报告指出，“库存管理计划的持续成功受到计划缺乏稳定性的威胁，使任何 LEP（延寿计划）处于危险之中”，并且“研究小组担心（核武器）专业领域受到计划稳定性不足、任务重要性缺乏以及工作环境退化的威胁。”JASON 报告指出，“尚未发现证据表明因老化和延寿计划引起的变化积累会增加已部署核弹头的认证风险”，并且“通过使用延寿计划中应用过的类似方法，现今核弹头的寿命可以延长几十年，而不会造成信心的损失。”2010 年 1 月，乔治 •舒尔茨、威廉 •佩里、亨利 •基辛格和山姆 • 农联合发表的一篇专栏文章认为，核武器计划“迫切需要充足而稳定的资金。”

根据 2010 财年《国防授权法案》（第 2647 号众议院委员会报告第 111 – 84 号公共法案）的第 1 251 节，总统需要提交一份报告，其中包括一项强化美国核库存的安全、保障和可靠性，使核武器综合体现代化，维持核武器投送平台的计划。2009 年 12 月 15 日，参议员约瑟夫 • 利伯曼和 40 名共和党参议员致信奥巴马总统，援引第 1 251 节，称“美国核威慑力量现代化”的计划应包括以下内容：

符合军事需求的全面及时的 B61 和 W76 弹头延寿计划。

为现代化弹头提供资金，包括涉及更换或可能的部件再用的延寿新方法。

全面资助通过核武器综合体和国家实验室的科学和工程活动进行的库存监管工作。

提供全面的资金，用于更换洛斯阿拉莫斯钚研发和分析化学设施，橡树林 Y-12 工厂铀设施，以及现代化铀矿设施。

行政当局回应了这些关切，并采取了一些行动。副总统乔·拜登在 2010 年 1 月写道：“近十年来，我们的（核武器）实验室和设施一直资金不足且不被重视。”他还说到，2011 财年 NNSA 武器活动的预算请求“扭转了这一下滑趋势，使我们能够实施总统的核安全议程。”该预算在 2 月提交，总额增加了 6.244 亿美元，达到 70.088 亿美元。随后，在 4 月提交的《核态势评估报告》中一个章节提道：“维持一个安全、可靠和有效的核武库”，这要求延长核弹头的服役寿命、增加对核武器综合体工作人员的投资、资助洛斯阿拉莫斯国家实验室的化学和冶金研究替代项目，并在 Y-12 国家安全综合体建立一个新的铀处理设施。5 月，总统向参议院提交了《新削减战略武器条约》，并按照 2010 财年《国防授权法案》第 1 251 节的要求提供了一份机密报告。该报告的一份一页的非机密说明提出了 2011 至 2020 财年关于核武器库存和基础设施的经费预测，并表示“政府打算在未来十年投资 800 亿美元来维持核武器综合体并使其现代化。”三个核武器实验室的主管对《核态势评估报告》发表了以下评论：

我们认为《核态势评估报告》（NPR）所述的方法，排除了进一步的核试验，并考虑了全面的延寿方案（如翻新现有弹头、复用不同弹头的核部件，以及基于以前试验过的设计方案更换核部件），这些方法为我们提供了必要的技术灵活性，以便在未来以可接受的风险水平管理核库存。让我们感到放心的是，NPR 的一个关键内容是认识到两个方面的重要性："一是支持建立由国家安全实验室和一个支持设施综合体组成的现代物理基础设施，二是支持一支具备维持核威慑所需专业技能的高能力人才队伍。

尽管库存管理计划得到加强，但它是否足够满足维持核武库的需求仍然存疑。洛斯阿拉莫斯国家实验室主管迈克尔·阿纳斯塔西奥在给众议员迈克尔·特纳（军事委员会战略部队小组委员会成员的高级成员）的信中表示："目前采取的缓解措施（延长弹头寿命），如对核装置外部的改动或放宽部分军事要求，已经到了极限。"同样，劳伦斯利弗莫尔国家实验室主管乔治·米勒在信中写道："（弹头）监管计划已显得捉襟见肘。"四月份，参议员约翰·麦凯恩和乔恩·凯尔在有关《新削减战略武器条约》的声明中表示，"我们仍然认为，如果没有根据 2010 年《国防授权法案》第 1 251 节的要求制订一个有充分资金支持的核武器现代化计划，《新削减战略武器条约》将很难在参议院通过。"而在七月份举行的关于核武器综合体和《新削减战略武器条约》的听证会上，参议员鲍勃·科克尔说："我们今天所关注的问题是我们需要关注的最为紧迫和重要的问题……如果你审视一下这个（为武器活动制定的）十年计划，实质上，即使我们有了第一年的投入，我想这是我们都欢迎的，但要完成未来十年需要做的事情仍有约 100 亿美元的缺口，以真正实现现代化和做我们需要做的事情。"

虽然 2011 财年武器活动资金申请相较于 2010 财年有了大幅增加，但在关于《新削减战略武器条约》的辩论中，一个关键症结是政府将为整个核武器计划，尤其是核武器综合体提供的长期资金的水平。据一篇新闻报道，"共和党人希望得到某种保证，以确保奥巴马政府在 10 年核武器综合体现代化计划中的承诺将得到实施。"为此，政府和国会试图满足这些关切。2011 财年持续决议 111－242 号公共法案（第 3081 号众议院委员会报告）维持了大部分支出在 2010 财年水平上，只有少数例外。一个例外（第 122 条）是按 2011 财年要求的 70.088 亿美元的比率为武器活动账户提供资金，而不是 2010 财年的 63.844 亿美元。2010 年 11 月，政府追加提供了武器活动资金。共和党人支持《新削减战略武器条约》的条件是大幅增加预算，以修复美国老化的武器生产设施。因此，为在最后一刻挽救（该条约），奥巴马政府提出未来五年内为美国核武器综合体再投入 40 亿美元。政府在 2010 年 11 月的 1251 报告的新版本中提出了这一资金计划。相比之前计划，该计划的 2012 财年经费增加 6 亿美元，对于 2012 财年至 2016 财年，该计划的经费增加 41 亿美元。

作为回应，参议员凯尔和科克尔于 11 月 24 日向参议院共和党成员发送了一份备忘录，对修订后的资金计划进行了分析。备忘录指出："在 2010 财年，奥巴马政府在国家核安全管理局武器活动上的投资额度仅为 64 亿美元，仅以 2005 财年的购买力计算就下降了 20%。"备忘录进一步指出，在最初的 1251 报告中的 800 亿美元中只有约 100 亿美元用于新武器活动。更新后的计划"满足了我们早先提出的许多问题，但并非全部"。备忘录指出了几个"仍然存在的关切"，包括需要为 Y-12 的铀设施和洛斯阿拉莫斯的钚设施提供更多资金，承诺为这些设施投入预付资金，以及为库存监管（待审查）提供更多资金。此外，"政府不应在没有确定削减核武器库存这一行为是否符合我们的国家安全利益以及获得其他国家核武器库存相应削减的情况下（如俄罗斯拥有的不受新削减战略武器条约限制的大量武器库存（如其战术核武器）），就进一步削减我们已部署的或未部署的核武器库存。"

在 11 月 30 日致劳伦斯利弗莫尔、洛斯阿拉莫斯和桑迪亚国家实验室的主管们的信中，参议员克里和卢加指出，主管们在 7 月份作证说，最初的 1251 条款报告是一个良好的开端，但他们也表达了一些担忧。参议员们要求主管们对修订后的 1251 报告发表意见。于是在 12 月 1 日的复信中，主管们回应说："我们对 1251 报告的更新感到非常高兴，因为它将使实验室能够在核武器库存管理和管理计划的框架下落实我们的要求，以确保库存的安全、可靠和有效……它明确回应了我们和其他人过去对未来一年可能出现资金短缺的担忧，并大大降低了整个计划的风险。"

如上所述，对于 2012 财年，众议院投票批准了核武器活动所申请的经费额度，而参议院军事委员会建议削减 100 万美元。相比之下，众议院投票确定的核武器活动拨款比申请额度削减了 4.977 亿美元，而参议院拨款委员会建议削减 4.397 亿美元。

2013 财年，政府要求拨款 75.773 亿美元。相比之下，2010 年 11 月的 1251 报告中要求的拨款为 79 亿美元。该报告还指出："政府承诺为铀处理设施（UPF）和化学冶金研究替代设施（CMRR）的建设提供全部资金。" CMRR 核设施（CMRR-NF）原计划于 2023 财年结束时完成，其目的是开展钚分析工作以支持弹芯生产（pit production），使现有的弹芯生产设施（洛斯阿拉莫斯的 4 号钚设施（PF-4））具备年产 50～80 个弹芯的能力。然而，2013 财年的申请中没有为 CMRR-NF 提供资金，而是提议"CMRR 核设施建设至少推迟五年"。国家核安全管理局计划了另一种钚战略，由其他设施完成原本应在 CMRR-NF 进行的工作，这将允许 PF-4 可能年产 20～30 个弹芯。该申请还提议将 UPF 的经费提高到 1251 报告中预计的金额以上。政府在 1251 报告中还表示，W76 核弹头延寿计划"将在该计划的整个生命周期内以每年 2.55 亿美元的额度获得充分资助"，但申请的资金额度为 1.749 亿美元。

对 CMRR-NF 的变动极具争议。国家核安全管理局负责核安全与管理的副局长托马斯·达戈斯蒂诺在向参议院拨款委员会陈述推迟 CMRR 设施的建设时表示：

> 我们正在与国家实验室和国家安全场所密切协商，调整我们的钚战略，

至少推迟 5 年在洛斯阿拉莫斯国家实验室建设化学和冶金研究替代核设施（CMRR-NF）项目，并将重点放在如何利用现有设施的能力和专业技术力量来暂时满足我们的钚需求。利用现有设施将能满足我们近期对钚的使用需求，同时专注于其他关键的现代化项目。推迟 CMRR-NF 项目将从 2013 年到 2017 年节省约 18 亿美元，这将有助于补偿其他优先事项的支出，如武器延寿计划和其他基础设施需求。

按照核安全管理局要求，参议院拨款委员会未给该设施建设提供资金。但参议院军事委员会却持不同意见。参议院军事委员会关于 2013 财年国防授权的报告称：

军事委员会对将新墨西哥州洛斯阿拉莫斯国家实验室的化学与冶金研究替代核设施（CMRR-NF）建设推迟“至少 5 年”的预算提案表示强烈关注。

推迟“至少 5 年”看起来更像是取消。根据委员会迄今收到的分析，这种取消似乎将对核现代化计划产生不利影响。

参议院军事委员会建议从 2013 财年武器活动拨款中授权拨款 1.5 亿美元用于 CMRR-NF 的建设，而众议院通过的国防授权法案表明了国会的想法，即在 2013 财年，应使用上一年经费中高达 1.6 亿美元的资金用于继续设计和建造 CMRR-NF。这两项授权法案都包括试图要求该设施在 2024 年前全面投入运行的措辞。

政府偏离了 2010 年 11 月 1251 报告中提出的预算计划可能对参议院今后审议 CTBT 产生影响。乔恩·凯尔参议员和其他七位参议员致信国防部长莱昂·帕内塔，敦促继续建设 CMRR-NF，使其在 2024 年投入运行。信中表示：“我们认为，核现代化与《新削减战略武器条约》之间的联系在批准时已经明确，至今仍然如此。因此，我们担心未能履行这一关键承诺可能会对要求参议院审议未来的条约产生影响。”

次临界试验（Subcritical_experiment，SCE）：作为库存管理计划的一部分，国家核安全管理局正在进行次临界试验。美国国会研究服务局（Congressional Research Service publication，CRS）根据文件，以及与美国能源部和实验室工作人员的讨论，对次临界试验提出以下定义："内华达国家安全场（NNSS，前内华达试验场，NTS）的次临界试验使用高爆化学炸药和裂变材料，其配置和用量使其不会产生自持的核链式裂变反应。在这些实验中，高爆化学炸药用于产生高压，并应用到裂变材料上。"次临界试验只使用了裂变材料钚。除了一次实验外，所有次临界试验都在 NNSS 地下约 1000 英尺深的 U1a 隧道综合体内进行。该综合体可承受高达 500 磅炸药和相应钚材料的爆炸。另一次代号为"独角兽"的次临界试验是在类似于地下核试验的"井下"或竖井中而不是在隧道中进行的，以进行操作准备就绪的演练。次临界试验旨在确定老化钚的放射性衰变是否会降低武器性能。已有几次次临界试验被用于支持 W88 弹头的核证（该弹头是热核武器的"扳机"）。1998 年，能源部长比尔・理查森称次临界试验是"我们科学计划的关键组成部分，为评估时间对武器的影响、维持国家核威慑力的可靠性和安全性提供了新工具和数据支持"。由于不产生链式反应，克林顿政府认为次临界试验不违反 CTBT。批评者驳斥说，次临界试验将帮助设计新武器而不需要进行核试验；次临界试验不是必要的；如果不被侵入性地监测，次临界试验可能看起来像核试验；次临界试验与 CTBT 的精神相悖，CTBT 的目的是停止核武器的发展，而不仅是停止核试验。国家核安全管理局表示次临界试验的成本在 500 万至 3 000 万美元之间。

迄今为止已进行的 26 次次临界试验是：1997 年：Rebound，7 月 2 日；Holog，9 月 18 日；1998 年：Stagecoach，3 月 25 日；Bagpipe，9 月 26 日；Cimarron，12 月 11 日；1999 年：Clarinet，2 月 9 日；Oboe，9 月 30 日；Oboe 2，11 月 9 日；2000 年：Oboe 3，2 月 3 日；Thoroughbred，3 月 22 日；Oboe 4，4 月 6 日；Oboe 5，8 月 18 日；Oboe 6，12 月 14 日；2001 年：

Oboe 8，9月26日；Oboe 7（在Oboe 8之后举行），12月13日；2002年：Vito（与英国联合进行），2月14日；Oboe 9，6月7日；Mario，8月29日；Rocco，9月26日；2003年：Piano，9月19日；2004年：Armando，5月25日；2006年：Krakatau（与英国联合进行），2月23日；Unicorn，8月30日；2010年：Bacchus，9月15日；Barolo A，12月1日；2011年：Barolo B，2月2日。2012年7月，国家核安全管理局表示，下一次临界试验计划于2012年秋季或之后不久进行。

其他实验：各实验室已在NNSS进行了另外两种涉及钚的实验。其中，“热力学”实验用于材料性质研究。NNSA在2007年3月表示，这些实验使用钚的量不足以维持链式反应，并且实验中用到的钚“不模拟任何武器设计”。这样的实验在2007年2月至5月之间进行了12次；自那时起到2011年8月没有再进行过这样的实验。联合锕系元素冲击物理实验研究（JASPER）装置是一种可以发射高速弹丸并轰击钚靶的气枪，用于在钚中产生“类似于核武器中的高冲击压力、温度和应变率”。根据NNSA的说法，所得数据有助于“完善用于核证美国核库存的计算机代码”，截至2011年8月，在2001年3月至2011年4月之间已进行了88次JASPER实验，其中34次使用了钚，54次使用了替代材料。

为支持库存管理计划，NNSA下属的各实验室和NNSS也进行了其他类型的实验。2011年6月的一份NNSA报告介绍了一些实验设施：利弗莫尔实验室用于研究化学炸药性质的高爆应用设施（HEAF）、NNSS用于研究钚和其他金属性能的大口径火炮、洛斯阿拉莫斯实验室的用中子、质子和辐射成像研究材料性质的中子科学中心、NNSS研究“高能炸药爆炸产生的材料融合”的大型爆炸实验设施、洛斯阿拉莫斯实验室用于研究钚和其他金属性质的TA-55设施、洛斯阿拉莫斯实验室的可对“移动的非核武器部件”进行辐射成像的双轴放射照像流体动力学试验（DARHT）设施、利弗莫尔实验室运营的位于远区可对“移动的非核武器部件”进行辐射成像但“视场比

DARHT 大得多”的封闭发射装置、利弗莫尔实验室用于研究极端温度和压力下材料、辐射、等离子体以及核爆炸其他方面的特性的国家点火装置、位于桑迪亚的用于材料、等离子体和辐射性质研究的 Z-Machine、罗切斯特大学用于在高温高压条件下的材料、等离子体和辐射特性研究的欧米茄激光装置。

试验准备：克林顿总统指示能源部在作出核试验决定后的三年内做好进行核试验的准备。但能源部审计长办公室 2002 年 9 月的一份报告表明这一能力“面临风险”。2002 年 1 月，核态势评估简报要求加快核试验准备，但未明确说明，2002 年 3 月，美国核库存可靠性、安全性和安保评估小组称“核试验准备时间应不超过三个月至一年”。2003 财年《国防授权法案》第 107 号至第 314 号公共法案第 3142 节要求能源部长报告备选核试验准备状态并推荐最佳准备状态。由此产生的报告认为，三年期的准备状态面临越来越大的风险，并建议在 2005 财年底转向 18 个月的准备状态。

2004 财年申请的武器活动经费中，有 2 490 万美元是用于将准备状态从三年缩短到 18 个月的。国防授权法案和能源与水利开发拨款法案提供了申请的资金。能源和水利开发拨款法案的与会人员希望 NNSA“在要求大量的额外资金来追求一个更为激进的 18 个月准备状态的目标之前”，将重点放在一个能够满足目前 24 个月要求准备状态的计划上。相比之下，2004 财年国防授权法案（第 108 号至第 136 号公共法案第 3112 节）规定：不迟于 2006 年 10 月 1 日，能源部长应该建立并在此后保持使美国在 18 个月内恢复地下核武器试验的准备状态。

NNSA 局长林顿·布鲁克斯在 2004 年 3 月 24 日参议院军事委员会上表示，NNSA 的目标是“达到国防授权法案规定的 18 个月试验准备就绪状态”。2005 财年国防授权法案提供了试验准备所需的全部 3 000 万美元。在 2005 财年能源和水务拨款法案中，众议院拨款委员会建议将申请用于“基础评估技术活动”的预算从 8 150 万美元（其中包括用于试验准备的 3 000

万美元）削减 1 500 万美元，以把加强试验准备的倡议限制在实现 24 个月试验准备状态的目标上。众议院拨款委员会坚持反对 18 个月的试验准备状态。2005 财年综合拨款法案将试验准备的预算削减了 750 万美元。

NNSA 在 2006 财年提出了 2 500 万美元的试验准备经费请求，以继续提高准备好的状态，在 2006 财年达成 18 个月的试验准备状态。2005 年 2 月 15 日的参议院军事委员会听证会上，参议员约翰・沃纳询问能源部长塞缪尔・鲍德曼，能源部是否能在 2006 年 10 月 1 日前满足 18 个月试验准备的要求。鲍德曼部长回答说："我们一直致力于该法律的要求"，并且能源部正按计划实现目标。在 2005 年 4 月 14 日参议院拨款委员会能源和水务发展小组委员会的听证会上，布鲁克斯大使解释了 18 个月准备状态的理由："如果比 18 个月短，你要为试验准备付钱但无法使用，因为实验（核试验）还没有准备好。如果比 18 个月长，你就要冒着做好准备去试验以看看是否已经纠正了重要问题的风险，但试验场却还没有准备好。"众议院拨款委员会继续支持 24 个月的准备状态，并表示可靠的替代弹头计划"排除了支持那个挑衅性的 18 个月试验准备状态的任何理由。"能源和水资源开发拨款法案将试验准备资金削减到 2 000 万美元，与会者要求能源部保持 24 个月的准备状态。国防授权法案也提供了 2 000 万美元，附带的会议报告没有提及准备状态。

2007 财年，NNSA 要求拨款 1 480 万美元用于试验准备，并指出 2006 至 2011 财年的试验准备状态目标（24 个月）已在 2005 财年实现。众议院军事委员会在 2007 财年国防授权报告中表示："尽管该委员会没有迹象表明需要在不久的将来恢复地下核试验，但它确实认为，按照国会的指示保持 18 个月的试验准备状态对国家安全至关重要。该委员会注意到，资金短缺导致能源部无法实现法律要求的 18 个月准备状态。"在 2007 财年《能源和水资源开发拨款法》(第 5427 号众议院委员会报告)中，众议院同意了 NNSA 的经费申请，参议院拨款委员会（在第 109 号至第 274 号参议院委员会报告中）建议提供该笔经费。NNSA 在 2008 财年的试验准备中没有要求拨款，并指出该项目已经实现了 24 个月的准备状态的目标，现有能力将通过预算的其他部分维持，并计划了“一个更具前瞻性的项目”。众议院军事委员会的报告中没有提及试验准备，而参议院军事委员会未按要求提供资金。众议院拨款委员会严厉批评了不要求拨款的决定，并增加了资金：

> 众议院拨款委员会支持内华达试验场的 24 个月试验准备状态，并额外提供 2 000 万美元，以恢复政府预算请求中终止该活动的资金。委员会对政府在四个预算周期里都坚持因国家安全的原因要求把试验准备状态缩短为 18 个月后，又取消核试验准备资金的决定感到困惑。

第 1585 号众议院委员会报告会议版第 3112 节，即 2008 年国防授权法案，废除了一项要求 18 个月的核试验准备状态的规定（第 108 号至第 136 号公共法案第 3113 条；美国法典第 50 篇 2528a），并要求能源部长每两年提交一份核试验准备情况报告。对于试验准备工作，2008 财年预估经费为 490 万美元，2009 财年申请经费 1 040 万美元。NNSA 表示，他们在 2007 财年已经实现了 24 个月的试验准备状态，但是“预测的预算水平导致试验准备状态目标变为 24～36 个月”。众议院通过的和参议院军事委员会报告的 2009 财年国防授权法案中包括了为试验准备申请的经费。众议院拨款委员会建议取消 2009 财年的试验准备资金，它指出：“尚未完成的库存管理计划……表现好于预期，并创造了一种技术上优于核试验的替代方案”，并且“委员会没有发现任何证据表明，核试验会给由库存管理计划产生的大量的仍在扩展的武器知识体系添加有用的东西。”2009 财年的《邓肯・亨特国防授权法案》第 3001 节的联合解释性声明（代替会议报告提交）为试验准备提供了 540 万美元。根据 NNSA 的说法，“内华达试验场的基础设施和实物资产的维护责任将在 2010 财年转交给 RTBF（技术基础和设施准备，Readiness in TechnicalBase and Facilities）计划。”

关于试验准备工作，NNSA 在 2010 年 11 月表示："2011 财年没有单独的资金用于试验准备工作，2010 财年也是如此。试验准备工作是通过在库存管理计划中完成的工作来支持的，特别是通过在 NNSS U1a 设施里进行的实验，演练了在必要时恢复地下试验所必需的专业知识。" 关于试验准备状态方面，NNSA 表示："要求的核试验准备状态是能够在第 15 号总统决定决策指令所要求的时间框架内进行一次试验。目前的试验准备时间是 24～36 个月。这个时间范围是有意模糊的，因为它涵盖了各种可能的试验场景。具体的试验场景是保密的。"2011 年 5 月能源部的一份报告提供了进一步的细节。按年份划分的美国核试验情况见表 1。

表 1 按年份划分的美国核试验

1945—1949	6 次	1965—1969	231 次	1985—1989	75 次
1950—1954	43 次	1970—1974	137 次	1990—1992	23 次
1955—1959	145 次	1975—1979	100 次	合计	1 054 次
1960—1964	202 次	1980—1984	92 次		

来源：美国能源部。

注：表中数据包括所有美国的核试验，其中 24 次是 1962 年至 1991 年间在内华达试验场由美英联合进行的。表中数据反映了美国能源部于 1993 年 12 月 7 日解密的未公布核试验的数据。表中不包括美国在 1945 年对日本投下的两颗原子弹。1994 年 6 月 27 日，奥利尔利部长宣布，美国能源部已将 1968 年、1970 年和 1972 年的三次核爆炸重新定义为单独的核试验。此表反映了这些数据。她还解密了一个事实，即 1963 年到 1992 年进行的 63 次试验涉及不止一个核爆炸装置。

《全面禁止核试验条约》的利与弊

CTBT 是有争议的。主要争论包括以下几点：

美国能否在不进行核试验的情况下维持其核威慑力？支持该条约的人认为美国的核武器库存管理计划可在不进一步进行核试验的情况下，能维持现有的、经过核试验测试的核武器。事实上，截至 2011 年 8 月，美国国防部和美国能源部已经完成了 15 次库存核武器的年度评估，发现库存核武器是安全、稳妥、可靠的。条约支持者声称这些武器满足任何威慑需求，因此不需要新型的核武器。条约反对者坚持认为，由于长期以来对核弹头进行了诸多微小修改，这将使得它们与测试版本不同，从而对现有弹头没有信心。因此，一些反对者认为需要核试验来恢复和维持信心，而另一些人则认为可能需要试验并且不能排除恢复核试验的选项。反对者认为威慑是动态的，需要新型核武器来应对新的威胁，并坚称这些新核武器必须进行核试验。

监测和核查能力是否足够？“监测”指的是技术能力，“核查”指的是其维护安全的充分性。支持者认为监测方面的进展，如国际监测系统的建立，使得逃避者难以进行探测不到的试验。他们声称，任何这样的核试验其规模都太小而无法影响战略平衡。反对者则看到许多逃避监测的机会，比如在一个大型地下空腔中进行核爆炸以抑制其地震波。他们认为，即使小型武器的秘密试验也可能使美国处于严重劣势。

条约将如何影响核不扩散和裁军？支持者声称，该条约在技术上对核不扩散作出了贡献，如限制核武器计划；一些支持者认为，核不扩散需要朝着核裁军的方向取得进展，而该条约是关键的一步。他们指出，除美国外的所有北约成员国都已批准了 CTBT。反对者认为，强大的核威慑对于核不扩散至关重要，因为它减小了盟友和敌人建造自己的核武器的动机；核不扩散和裁军不相关，并且国际社会对这个国家的核不扩散和核裁军行动几乎没有给予信任。

美国国家科学院的研究及相关批评

2012 年，关于 CTBT 的辩论仍在继续时，一项重大的研究发表了并遭到一些批评。2012 年 3 月 30 日，美国国家科学院（NAS）的一个委员会发布了题为《全面禁止核试验条约：对于美国的技术问题》的报告。

该报告旨在更新 NAS 在 2002 年发布的一份类似报告，以反映最新进展。报告发现，由于库存管理计划取得进展，美国在不进行核爆炸试验的情况下维持核武器的能力有了相当大的提高，并且由于国际监测系统的建立和技术能力的提升，美国和国际社会侦测隐蔽核试验的能力有了明显提高。报告指出，侦测隐蔽核试验的能力可能取得进一步进展，并且继续提升美国核武器库存的维持能力取决于持续的支持。报告还指出，即使在 CTBT 框架下仍可能发生某些活动，如目前尚未拥有核武器的国家发展简单的核武器，而且并非每一种威胁都要求美国恢复核试验。报告的主要结论如下：

（1）“在未进行核爆炸试验的情况下，美国现在的维持库存的技术能力好于 2002 年报告的预期。”（第 4 页）

（2）“委员会认为，如果给予库存管理计划充足的资源和国家承诺，美国有技术能力在可预见的未来在不进行核爆炸试验的情况下维持一个安全、稳妥、可靠的核武器库存。”（第 4 页）

（3）“过去 10 年，监测方面取得的重大进步之一是，大多数 IMS 地震台站现在都在运行……对于全耦合核爆炸，IMS 地震探测的阈值水平在世界范围远低于 1 千吨 TNT 当量。”（第 6 页）

（4）过去 10 年间，IMS 放射性核素监测网络已经从基本上不存在发展成一个几乎功能齐全、稳定强大的网络，其新技术已经超出了大多数人的预期。”（第 7 页）

（5）国家对招募和保持高质量劳动力的坚定承诺，对老化的基础设施和力量结构进行资本重组，加强科学、工程和技术基础，对于美国维持一个安全、稳妥、可靠的核武库和必要的爆炸监测能力都是至关重要的。（第 8 页）

（6）“目前还没有机制使国会能够评估美国的 CTBT 保障措施是否在

CTBT 生效后得以履行。”（第 9 页）

（7）在未通过几次几千吨级核试验确证其核武器的性能之前，俄罗斯和中国不太可能部署那些超出其核试验经验设计范围的新型战略核武器。这种几千吨级的试验（即使采用了逃避措施）很可能被资源充足的美国国家技术手段和已建成的 IMS 网络探测到。（第 11 页）

（8）“其他意图获得和部署现代化的两级热核武器的国家，在没有进行几千吨级试验的情况下，将无法保证对其核武器性能的信心。这种试验（即使采用了逃避措施）很可能被配置合理的美国国家技术手段和已建成的 IMS 网络探测到。”（第 11 页）

虽然还没有一份类似详细的报告对 2012 年的 NAS 报告进行反驳，但一些批评意见已经出现。桑迪亚国家实验室前主管 C.Paul Robinson 指出报告中的一个结论（第 10 页），即某些逃避方法“仅对全球范围内爆炸当量低于几千吨的装置和位于极佳监测范围内的几百吨核爆炸是可信的”。罗宾逊表示，这种当量的核试验可能具有重大价值。SAIC 的地震学家杰克・墨菲就 NAS 报告的地震监测方面发表了评论。评论中指出：

（1）“报告中提到的所有监测定量分析，都简单地假设检测等于识别……一般来说，两者阈值存在明显的差异。”（第 1 页）

（2）NAS 报告指出：“如果能够事先对事件进行足够精确的定位，且 CTBTO 进行的现场视察（OSI）不受阻碍，则现场视察很有可能发现当量大于约 0.1 千吨的核爆炸证据。”墨菲回应道：“尽管报告中的当量阈值引用了一个具体的量值（0.1 千吨），但其意义仍不清楚。‘发现核爆炸证据的可能性很高’的定义是什么？在位置估计中的‘足够精确’的定义又是什么？如果说定位的精确度好于 5 公里，那么如此精确的位置估计来自何处？”（第 2 页）

（3）NAS 报告中有一张表格，标注着“对于 10%的检测概率，这是委员会认为可能被潜在的逃避者用来规划核试验的最大检测概率”。墨菲评论道："这再次将检测等同于识别。为什么是 10%？讨论忽略了与以下事实相关的不确定性，即虽然 90%的检测阈值通常相当好地受到观测值的约束，但 10%的检测阈值并不确定，基本上是根据假定的统计分布模型进行外推的。"（第 3 页）

此外，一些评论指出报告中的许多警告、限制性条件和不精确的措辞表明了相当大的不确定性。例如：

"如果给予库存管理计划足够的资源和国家的坚定承诺，委员会认为美国有技术能力在可预见的未来在不进行核试验的情况下维持一个安全、稳妥、可靠的核武库。维持这些技术能力至少需要……一个强大的科学和工程基础……一个强大的监督计划……现代化的生产设施……一支胜任能力强的员工队伍"，等等（第 4 页，斜体为添加部分）。批评人士会指出，国会没有提供 2012 财年武器活动所需的全部资金，而政府在 2013 财年要求的资金比 2010 年 11 月的国防授权法案 1251 报告中指示的数额还要少，这就引出了给予库存管理计划的资源和国家承诺是否足够的问题。

"对于完全耦合爆炸，IMS 地震探测的阈值水平在全球范围现已远低于 1 千吨（第 6 页，斜体部分）。"批评人士会指出，完全耦合爆炸可能是逃避监测者最不可能采用的试验方式，因为完全耦合（即爆炸装置与土壤或岩石之间没有间隙）很容易传播地震信号。相反，在这种观点中，逃避者可能使用解耦（在大型腔体中引爆装置以抑制地震信号）技术，或在远海区域引爆装置，这样即使被探测到也不会被归因到进行试验的人那里，或者采用其他逃避监测的手段。

"如果事先能够对事件进行足够精确的定位，且 CTBTO 进行的现场视察（OSI）不受阻碍，则现场视察发现当量大于约 0.1 千吨核爆炸证据的可能性很高。"（第 8 页，粗体部分）除了上述墨菲的评论之外，批评人士还会指出，一个进行了秘密核试验的国家极有可能尽一切手段阻碍现场视察的进行，比如拒绝 OSI 视察组入境、延迟、不合作、缺乏支持或者搞破坏。

大事记

2012 年 6 月 14 日，全面禁止核试验条约组织筹备委员会召开第 38 次会议，该会议于 6 月 15 日结束。

2012 年 9 月 4 日，纽埃成为第 183 个签署了 CTBT 的国家。

2012 年 3 月 30 日，美国国家科学院国家研究委员会发布了《全面禁止核试验条约——美国的技术问题》报告的非机密版本。

2012 年 6 月 12 日，印度尼西亚成为第 157 个批准 CTBT 的国家，该国是附件 2 中“需 44 个国家的批准条约方能生效”的第 36 个国家。

2011 年 12 月 2 日，联合国大会以 175 票赞成、1 票反对（朝鲜）、3 票弃权（印度、毛里求斯、叙利亚）通过了题为“全面禁止核试验条约”的 A/RES/66/64 号决议。该决议强调，为促成条约早日生效，毫不拖延、无条件地签署和批准《全面禁止核试验条约》是至关重要且非常紧迫的。

2011 年 10 月 24 日，全面禁止核试验条约组织筹备委员会批准了一项 1 030 万美元的预算，用于进行 2014 年综合实地演练，该演练旨在提高全面禁止核试验条约组织的现场视察能力。

2011 年 9 月 23 日，美国在位于纽约的联合国总部举行了一次关于加速 CTBT 生效的会议。

2011 年 9 月 20 日，几内亚成为第 155 个批准 CTBT 的国家。

2011 年 8 月 29 日，美国参加第二次反核试验国际日。

2011 年 6 月 14 日，加纳批准了 CTBT。

2011 年 6 月，全面禁止核试验条约筹备委员会于 6 月 8 日至 10 日在奥地利维也纳主办了“全面禁止核试验条约：2011 年科学技术大会”。

2011 年 5 月 10 日，负责军控和国际安全的副国务卿艾伦·陶舍尔说：

"奥巴马政府正准备让参议院和公众参与一场教育活动，我们预计该活动将促成 CTBT 的批准。"

2011 年 4 月 30 日，来自 10 个国家的外交部长发表声明支持 CTBT。

2011 年 3 月，国家公共政策研究所发布了一份报告，指出"美国批准 CTBT 将不会带来任何切实的好处，同时会给美国和盟国的安全带来新的重大风险。"

2010 年 11 月，全面禁止核试验条约组织筹备委员会于 11 月 1 日至 12 日在约旦举行了一次模拟现场视察。

2010 年 10 月 5 日，助理国务卿罗斯·戈特莫勒说："美国政府准备让美国参议院重新审议 CTBT。"

2010 年 9 月 23 日，24 名外交部长就 CTBT 发表联合声明，呼吁"所有尚未签署和批准该条约的国家立即签署和批准该条约"，并承诺"该条约将成为最高级别的政治焦点"。

2010 年 9 月 15 日，国家核安全管理局在内华达州核安全基地进行了第 24 次次临界试验，实验代号巴克斯（Bacchus）。这是四年来第一次进行此类实验。

2010 年 8 月 29 日，根据 2009 年 12 月 3 日联合国大会协商并一致通过的第 64/35 号决议，宣布今天为国际反对核试验日。

2010 年 5 月 26 日，中非共和国、特立尼达和多巴哥批准了 CTBT。

2010 年 5 月 3 日，在 2010 年不扩散核武器条约审议大会上，印度尼西亚宣布，它"正在启动批准《全面禁止核试验条约》的进程"。印尼是附件 2 中"需 44 个国家的批准条约方能生效"的国家之一。

2010 年 5 月，第八次不扩散核武器条约审议大会于 5 月 3 日至 28 日在纽约联合国总部举行。最后文件指出，"会议重申《全面禁止核试验条约》作为国际核裁军和不扩散制度的核心内容的生效至关重要。"

关于早期的年表，请参见附录。

附录：大事表（1992—2009）

1992 年 9 月 23 日，美国迄今为止最后一次核试验，试验代号“分裂者”。

1992 年 10 月 2 日，布什总统签署了《1993 财年能源和水资源开发拨款法案》，P.L.102-377；第 507 条限制美国进行核试验。

1992 年 10 月 13 日，俄罗斯宣布将暂停核试验的时间至少延长至 1993 年年中。

1993 年 1 月 13 日，法国总统弗朗索瓦·密特朗表示，法国将暂停核试验的时间延长至与美国和俄罗斯一样长。

1993 年 4 月 24 日，在温哥华峰会上，克林顿总统和叶利钦总统一致认为，应该尽快启动多边的禁试谈判。

1993 年 7 月 3 日，克林顿总统宣布，如其他国家不进行核试验，他计划将暂停核试验的时间延长到 1994 年 9 月。

1993 年 8 月 10 日，裁军谈判会议授权其特别委员会就禁止核试验事宜与《全面禁止核试验条约》进行谈判。

1993 年 10 月 5 日，中国举行了自 1992 年 9 月以来的首次核试验。

1994 年 1 月 25 日，裁军谈判会议 1994 年会议在日内瓦开幕，《全面禁止核试验条约》的谈判是其首要议题。

1994 年 3 月 15 日，美国将暂停试验延长至 1995 年 9 月。

1994 年 6 月 10 日，中国进行了一次地下核试验。

1994 年 9 月 26 日，叶利钦总统在联合国大会上发表讲话说：“俄罗斯赞成明年签署这项条约（《全面禁止核试验条约》）。”

1994 年 10 月 7 日，中国进行了一次地下核试验。

1995 年 1 月 24 日，克林顿总统在国情咨文中表示："美国将带头无限期延长《不扩散核武器条约》，并颁布全面的核试验禁令"

1995 年 1 月 30 日，如《全面禁止核试验条约》在 1996 年 9 月 30 日之前签署，克林顿总统继续美国的暂停令直至该条约生效。

1995 年 5 月 11 日，《不扩散核武器条约》审议和延期大会同意无限期延长该条约，并呼吁不迟于 1996 年完成《全面禁止核试验条约》谈判。

1995 年 5 月 15 日，中国进行核试验，这是自 1992 年 9 月以来的第四次核试验。

1995 年 6 月 13 日，雅克・希拉克总统宣布，法国将于 1995 年 9 月至 1996 年 5 月在南太平洋进行八次核试验。

1995 年 8 月 4 日，参议院以 56 票对 44 票通过了参议员 Exon 等人的修正案，削减了用于进行水下核试验（放射性核素产量极低的试验）的 5 000 万美元。该修正案是对 1996 财年国家国防授权法案第 1026 条的修正案。

1995 年 8 月 10 日，法国宣布，一旦核试验计划完成，将支持《全面禁止核试验条约》，禁止任何当量的核试验。

1995 年 8 月 11 日，克林顿总统宣布，他决定推行"真正的零当量"的《全面禁止核试验条约》，禁止所有核试验，并辅以六项"保障措施"，以确保在《全面禁止核试验条约》框架下美国的核武器值得信赖。

1995 年 8 月 17 日，中国进行了核试验，这是自 1992 年 9 月以来的第五次核试验。

1995 年 9 月 5 日，法国进行了自 1991 年以来的首次核试验。

1995 年 12 月 13 日，联合国大会以 85 票比 18 票通过了一项决议，"强烈谴责"目前的核试验，并"强烈敦促"立即停止试验。

1996 年 1 月 23 日，克林顿总统在国情咨文中表示，"我们必须在今年签署一项真正全面的禁止核试验条约，从而结束核武器军备竞赛。"

1996年1月27日，法国进行了一系列核试验中的第六次核试验。

1996年1月29日，希拉克总统宣布“法国核试验最终结束”。

1996年3月7日，《华盛顿时报》报道称，美国情报机构有模糊的证据表明，俄罗斯可能在1996年1月进行了核试验。

1996年4月19日，叶利钦总统正式批准了一项零当量的《全面禁止核试验条约》，并保留在俄罗斯最高利益受到威胁时恢复核试验的权利。次日，七国集团加上俄罗斯承诺在1996年9月前完成并签署一项零当量的《全面禁止核试验条约》。

1996年5月28日，裁军谈判会议禁止核试验特别委员会主席、荷兰大使亚普·拉梅克提出了一份全面禁止核试验条约草案，其中对关键未决的问题进行了妥协。

1996年6月4日，法国和美国签署了一项协议，双方将分享核武器维护方面的相关信息。

1996年6月8日，中国进行了一次核试验，并宣布再次进行核试验后将加入暂停核试验的国际队伍。

1996年6月20日，印度表示，在五个拥核武器的国家给出放弃核武器的时间表之前，印度不会签署《全面禁止核试验条约》。

1996年6月26日，参议院以53票比45票通过了参议员Kyl和Reid提出的1997财年国家国防授权法案的修正案，该修正案规定如果参议院未同意批准《全面禁止核试验条约》并就此事提出相关建议，则美国可在1996年9月30日之后进行核试验。

1996年7月23日，美国和俄罗斯宣布共同支持现有的《全面禁止核试验条约》草案。虽然这一草案尚未完全满足两国要求，但两国认为现有条约草案可以接受，两国对草案的支持和接受是促成1996年实现《全面禁止核试验条约》的唯一途径。

1996 年 7 月 29 日，中国进行了其声称的最后一次核试验，并承诺从 7 月 30 日开始暂停试验。

1996 年 8 月 7 日，据报道，中国和美国就修改条约草案达成协议，以解决中国对《全面禁止核试验条约》核查的担忧，为中国支持该条约扫清了道路。

1996 年 8 月 20 日，印度在裁军谈判会议上否决了《全面禁止核试验条约》草案，反对该条约作为裁谈会文件提交联合国大会。

1996 年 8 月 23 日，澳大利亚要求联合国大会于 9 月 9 日开始审议《全面禁止核试验条约》草案。

1996 年 9 月 10 日，联合国大会以 158 票对 3 票（5 票弃权、19 个国家未投票）通过了裁军谈判会议达成的《全面禁止核试验条约》草案。

1996 年 9 月 24 日，《全面禁止核试验条约》开放供各国签署；克林顿总统等在条约上签字。

1996 年 11 月 20 日，全面禁止核试验条约组织筹备委员会召开第一次会议。

1997 年 7 月 2 日，能源部在内华达试验场进行了第一次次临界试验，代号“反弹（Rebound）”。同类实验 1997 年又进行了一次。

1997 年 8 月 28 日，据《华盛顿时报》报道，政府官员称，俄罗斯可能在 8 月 16 日进行了一次核爆炸。

1997 年 9 月 22 日，克林顿总统向参议院提交了《全面禁止核试验条约》，征求其意见并请求参议院批准。

1997 年 11 月 4 日，《华盛顿邮报》报道称，美国政府正式撤销了 1997 年 8 月 16 日地震事件是源自俄罗斯核试验的说法。

1998 年 1 月 21 日，参议员杰西·赫尔姆斯在给克林顿总统的一封信中说：“《全面禁止核试验条约》在（参议院外交关系委员会的）优先事项清单上排名很低。”

1998 年 1 月 27 日，克林顿总统在国情咨文中要求参议院今年批准《全面禁止核试验条约》，并宣称四名前美国参谋长联席会议主席赞同该条约。

1998 年 3 月 25 日，能源部在内华达试验场进行了第 3 次次临界试验，实验代号“驿路马车”（Stagecoach）。同类实验在 1998 年又进行了两次。

1998 年 4 月 6 日，英国和法国向联合国递交条约批准书，成为首批批准《全面禁止核试验条约》的核武器国家。

1998 年 5 月 11 日，印度总理瓦杰帕伊宣布，印度进行了 3 次核试验。

1998 年 5 月 13 日，印度宣布进行了 2 次核试验。

1998 年 5 月 28 日，巴基斯坦宣布进行了 5 次核试验。

1998 年 5 月 30 日，巴基斯坦宣布进行了 1 次核试验。

1998 年 6 月 5 日，中国、法国、俄罗斯、英国和美国五国外长发表联合公报谴责印度和巴基斯坦核试验，敦促印度和巴基斯坦在制造和部署核武器方面保持克制，呼吁印巴两国“立即无条件”遵守《全面禁止核试验条约》。

1998 年 9 月 23 日，巴基斯坦总理纳瓦兹·谢里夫在联合国发表讲话时表示，如果他国解除对巴经济制裁，巴基斯坦将遵守《全面禁止核试验条约》。

1998 年 12 月，能源部长比尔·理查森和国防部长威廉·科恩向克林顿总统提交了第三份年度核库存认证备忘录，声明“核库存目前不存在需要通过地下核试验来进行核武器安全或可靠性测试的问题。”

1999 年 2 月 9 日，能源部在内华达州试验场进行了第六次次临界试验，实验代号“单簧管（Clarinet)”。此类实验 1999 年又进行了两次。

1999 年 7 月 20 日，克林顿总统和九名参议员分别在新闻发布会上敦促参议院审议《全面禁止核试验条约》。调查发现，82%的美国人希望该条约获得批准。45 名民主党参议员写信给参议员赫尔姆斯，敦促他举行条约批准事宜的听证会并向参议院报告听证会结果。

1999 年 7 月 26 日，赫尔姆斯参议员在回应 7 月 20 日的信时表示，“我和你们一样对这项条约不感兴趣”，参议院外交委员会将在完成《反导条约》和《京都议定书》的修订后审议这项条约。

1999 年 9 月 30 日，参议员洛特建议采用“默认一致同意”方式，在 10 月 6 日将《全面禁止核试验条约》提交参议院进行 10 个小时辩论后投票。

1999 年 10 月 8 日，（1）已批准《全面禁止核试验条约》的国家结束了为期三天的加速生效会议。（2）参议院开始就该条约进行辩论。

1999 年 10 月 11 日，克林顿总统写信给参议员洛特和达施勒，要求推迟对《全面禁止核试验条约》的投票。

1999 年 10 月 13 日，参议院以 48 票赞成、51 票反对、1 票弃权的结果否决了《全面禁止核试验条约》。

2000 年 1 月 28 日，国务卿奥尔布赖特宣布，约翰·沙利卡什维利上将（退役）将领导政府努力争取两党支持批准《全面禁止核试验条约》，但国务院表示，政府预计不会在 2000 年寻求参议院批准该条约。

2000 年 2 月 4 日，美国能源部进行了美国第九次次临界试验“双簧管 3 号（Oboe 3）”。此类实验 2000 年又进行了 4 次。

2000 年 2 月 4 日，俄罗斯宣布在 1999 年 9 月 23 日至 2000 年 1 月 8 日期间进行了 7 次次临界试验。

2000 年 6 月 30 日，俄罗斯批准了《全面禁止核试验条约》。

2000 年 11 月 3 日，俄罗斯宣布于 10 月 30 日在 Novaya Zemlya 完成了 2000 年的第五次也是最后一次临界试验。

2001 年 1 月 17 日，国务卿提名人科林·鲍威尔表示，政府不会在本届国会上要求批准《全面禁止核试验条约》。

2001 年 3 月 4 日，《纽约时报》报道称，美国情报专家对俄罗斯在过去几年是否进行了隐蔽的核试验存在分歧。

2001 年 6 月 26 日，众议院拨款委员会拒绝在《2002 财年能源和水资源开发拨款法案》中增加经费，以提高核试验准备程度，辩称国防部长、总统、军事委员会和国会必须按流程提出经费申请并获得批复。

2001 年 9 月 26 日，国家核安全管理局进行了美国第 14 次次临界试验，实验代号“双簧管 8 号（Oboe 8）”。此类实验 2001 年又进行了 1 次。

2001 年 11 月 11 日，促进《全面禁止核试验条约》生效会议于 11 月 11 日在纽约联合国总部开始，11 月 13 日结束。

2002 年 2 月 15 日，国家核安全管理局进行了美国第 16 次次临界试验，代号“维托（Vito）”，这也是首次有英国参与的实验。2002 年，在没有英国参与的情况下，此类实验又进行了 3 次。

2002 年 5 月 10 日，众议院通过了 2003 财年的《鲍勃·斯图普国家国防授权法案》（H.R.4546），呼吁美国能源部按照总统指示建立一年内恢复核试验的能力。

2002 年 7 月 31 日，美国国家科学院发表了一份报告，声称《全面禁止核试验条约》中的主要技术关切是可控的。

2002 年 9 月 26 日，国家核安全管理局进行了美国第 19 次次临界试验，代号“罗科（Rocco）”。

2003 年 2 月，众议院政策委员会提交的报告中建议“应制定一项在 18 个月内完成地下诊断（核）试验准备的计划”；两党国会防扩散特别工作组强烈要求布什总统“不要恢复核试验”。

2003 年 5 月 22 日，参议院以 98 票比 1 票通过了 2004 财年国家国防授权法案 S.1050。其中，第 3132 条要求，2006 年 10 月 1 日前如能源部长对于核试验准备所需月数无更好建议，则该部长负责建立并保持“在决定进行核试验后的 18 个月内”可进行核试验的能力。

2003 年 9 月，9 月 3 日至 5 日，在奥地利维也纳举行了一次关于促进《全面禁止核试验条约》生效的会议。

2003 年 9 月 19 日，国家核安全管理局进行了美国第 20 次次临界试验，代号“钢琴（Piano）”。

2003 年 10 月 30 日，联合国大会第一委员会（裁军和国际安全）以 146 票同意、2 票反对、16 票弃权通过了一项题为“彻底消除核武器路线图”的决议草案。其中一项条款强调了《全面禁止核试验条约》早日生效的重要性。美国和印度代表投了反对票，美国代表说其投反对票是因为美国反对《全面禁止核试验条约》。

2003 年 11 月，全面禁止核试验条约组织筹备委员会第 21 次会议于 11 月 10 日至 13 日在奥地利维也纳举行。

2003 年 12 月 8 日，联合国大会以 146 票同意、2 票反对、16 票弃权通过一项题为“彻底消除核武器路线图”的决议。

2004 年 1 月 6 日，利比亚成为第 109 个批准《全面禁止核试验条约》的国家。

2004 年 5 月 25 日，国家核安全管理局进行了美国第 21 次次临界试验，实验代号“阿曼多（Armando）”。

2004 年 6 月 20 日，印度和巴基斯坦发表联合声明，重申在无特殊情况下，两国同意单方面暂停核试验，并在两国外长间建立一条专门的安全热线。

2004 年 6 月，全面禁止核试验条约组织筹备委员会第 22 次会议于 6 月 22 日至 24 日在奥地利维也纳举行。

2004 年 9 月 24 日，来自 42 个国家的外交部长发表声明，呼吁《全面禁止核试验条约》生效。

2004 年 12 月 3 日，联合国大会以 177 票同意、2 票反对、4 票弃权形成了通过“全面禁止核试验条约”的决议。

2005 年 2 月 10 日，朝鲜宣称，“我们……制造核武器是为了自卫，以应对布什政府针对朝鲜赤裸裸的日益孤立和扼杀政策。”

2005 年 3 月 10 日，欧洲议会通过了一项决议，决议中除其他事务外，“再次呼吁美国……签署并批准《全面禁止核试验条约》。”

2005 年 5 月，在 5 月 2 日至 27 日举行的《不扩散核武器条约》审议大会上，一些国家批评美国没有批准《全面禁止核试验条约》。

2005 年 5 月 16 日，《纽约时报》报道称，国家安全顾问斯蒂芬 • 哈德利 5 月 15 日表示，如果朝鲜进行核试验，美国“必须采取行动”。

2005 年 8 月 29 日，据报道，埃及外交部长艾哈迈德 •阿布勒 •盖特表示，以色列加入《不扩散核武器条约》之前，埃及不会批准《全面禁止核试验条约》。

2005 年 9 月，促进《全面禁止核试验条约》生效会议于 9 月 21 日至 23 日在纽约联合国总部举行。

2005 年 11 月，全面禁止核试验条约组织筹备委员会第 25 届会议于 11 月 14 日至 18 日举行。

2005 年 12 月 8 日，联合国大会以 168 票赞成、2 票反对通过了一项关于核裁军的决议，其中敦促各国批准《全面禁止核试验条约》。

2006 年 2 月 23 日，美国和英国在内华达试验场进行了一次次临界试验，实验代号“克拉卡托（Krakatau）”。

2006 年 6 月，全面禁止核试验条约组织筹备委员会第 26 次会议于 6 月 20 日至 23 日举行。

2006 年 8 月 30 日，美国在内华达试验场进行了第 23 次次临界试验，实验代号“独角兽（实验）”。

2006 年 9 月 20 日，五十九位外交部长呼吁尚未批约国家批准该条约。

2006 年 9 月 28 日，陶舍尔众议员介绍了 H.Res.1059，呼吁参议院对批准《全面禁止核试验条约》提出建议并同意批约。

2006 年 10 月 3 日，朝鲜宣布将进行核试验。

2006 年 10 月 9 日，朝鲜声称进行了第一次核试验，多数报告将此次核试验的爆炸当量定为 1 千吨或更低。

2006 年 10 月 16 日，美国证实，10 月 9 日发生在朝鲜的事件是一次核试验。

2006 年 11 月 17 日，全面禁止核试验条约组织筹备委员会第 27 次会议结束。

2007 年 1 月 4 日，四名前政府官员敦促“参议院启动两党程序……以批准《全面禁止核试验条约》。”

2007 年 1 月 31 日，米哈伊尔 · 戈尔巴乔夫呼吁核武器国家批准《全面禁止核试验条约》。

2007 年 3 月 29 日，全面禁止核试验条约组织筹备委员会对第 200 个和 201 个国际监测系统台站进行了认证。

2007 年 6 月 4 日，参议院军事委员会报告了《2008 财年国家国防授权法案》第 3122 款，其第 1547 条“国会对美国核不扩散政策和可靠弹头替代计划的看法”中包括一项条款，“参议院应批准《全面禁止核试验条约》。”

2007 年 6 月 4 日，美国向全面禁止核试验条约组织筹备委员会支付了 1 000 万美元的国际监测系统费用。

2007 年 6 月 22 日，全面禁止核试验条约组织筹备委员会第 28 次会议结束。

2007 年 9 月，联合国于 9 月 17 日和 18 日在奥地利维也纳举行了促进《全面禁止核试验条约》生效的第五次会议。

2007 年 10 月 24 日，参议员 Jon Kyl 发表讲话，批评《全面禁止核试验条约》和《2008 财年国家国防授权法案》第 1585 号众议院报告第 3122 款中“国会认为参议院应该批准《全面禁核试条约》”的观点。Kyl 参议员同时附上了一封由 41 名参议员签署的反对该条约及第 3122 款的信。

2007 年 11 月 14 日，全面禁止核试验条约组织筹备委员会第 29 次会议结束。

2007 年 11 月 19 日，前国防部长哈罗德 · 布朗和前中央情报局局长约翰 · 德乌奇建议用五年续约一次的《全面禁止核试验条约》来代替现行条约。

2007 年 12 月 5 日，联合国大会以 176 票赞成、1 票反对、4 票弃权通过了第 a/RES/62/59 号决议，强调《全面禁止核试验条约》尽早生效的重要性。

2007 年 11 月 26 日，2008 财年国家国防授权法案第 1585 号众议院报告被下令印刷。该法案包括了两年一次的关于美国核试验准备情况的报告，并删除了法案中关于国会认为“参议院应该批准”《全面禁止核试验条约》的条款。

2007 年 12 月 17 日，Tauscher 众议员介绍美国众议院第 882 号决议，决议中表达了以下观点：众议院认为参议院应该启动一个两党程序，从而对批准《全面禁止核试验条约》提出建议并同意批约的观点。

2008 年 1 月 29 日，哥伦比亚成为第 144 个批准该条约的国家，该国是附件 2 中“需 44 个国家批准条约方能生效”的国家之一。

2008 年 2 月 25 日，美国向全面禁止核试验条约组织筹备委员会支付了 2 380 万美元，恢复在该委员会的投票权。

2008 年 5 月 27 日，参议员约翰 • 麦凯恩表示，他将“重新审视《全面禁止核试验条约》，找到搬掉条约生效绊脚石的方法。”

2008 年 6 月 26 日，全面禁止核试验条约组织筹备委员会第 30 次会议结束。

2008 年 8 月 19 日，伊拉克成为第 179 个签署《全面禁止核试验条约》的国家。

2008 年 9 月，为模拟全流程的现场视察，全面禁止核试验条约组织筹备委员会在哈萨克斯坦进行了一次大规模的综合实地演练。

2008 年 9 月 24 日，部长级联合声明发布，敦促尚未签署和批准《全面禁止核试验条约》的国家签署和批准该条约；截至 2008 年 12 月 12 日，已有 96 个国家加入到该声明。

2008 年 11 月 21 日，黎巴嫩成为第 148 个批准《全面禁止核试验条约》的国家。

2009 年 1 月 13 日，国务卿希拉里·克林顿在回答当天听证会预备问题时说："当选总统和我都坚定地致力于参议院批准《全面禁止核试验条约》，并发起外交努力，让条约生效所需签署国加入进来。"

2009 年 4 月 5 日，奥巴马总统在布拉格发表讲话时说："本届政府将积极争取美国尽快批准《全面禁止核试验条约》。"

2009 年 5 月 25 日，朝鲜宣布进行了第二次核试验。

2009 年 6 月 8 日，印尼外交部长 Hassan Wirajuda 表示，一旦美国批准《全面禁止核试验条约》，印尼将"立即"批准《全面禁止核试验条约》。

2009 年 6 月 10 日，6 月 10 日至 12 日在奥地利维也纳举行了一次国际科学会议，展示了国际科学研究项目的成果。

2009 年 9 月，根据《全面禁止核试验条约》第十四条，关于《全面禁止核试验条约》生效的会议于 9 月 24 日和 25 日在纽约联合国总部举行。

第二章

《全面禁止核试验条约》：问题和争议*

* 此文档为 2012 年 12 月为国会议员和委员会精心编制的《国会 CRS 报告 RL34394》的修订扩展版，其原始版本来源于 WWW.CRS.GOV，经过我们细致的编辑和重新格式化工作，以便更好地呈现内容。

概 要

《全面禁止核试验条约》禁止一切核爆炸。该条约于1996年开放供签署。截至2008年3月，已有178个国家完成了签约、144个国家完成了批约。要使得条约生效，必须获得44个特定国家的批约，其中已有35个国家完成了批约。美国参议院在1999年否决了该条约，时任的布什政府亦反对该条约。美国自1992年起就恪守着暂停核试验的承诺。

全世界有很多呼声呼吁美国和其他国家批准《全面禁止核试验条约》。许多人声称，这将促进核不扩散进程；一些人认为这是迈向核裁军的一步。国会就该条约已经提出了几项措施，这可能会成为总统选举中的一个问题。

美国关于该条约的辩论涉及许多问题的争论。为对该条约作出判断，如果在未来要进行批约投票，参议员们可能希望在风险和利益的净评估中平衡几个问题的答案。

第一个问题是美国能在不进行核试验的情况下维持其威慑力吗？条约支持者认为，美国的（库存管理）计划可以在不进行进一步试验的情况下保持现有经过试验的武器，根据12次年度评估，这些武器仍然是安全可靠的，并声称这些武器满足任何威慑的需要。反对者则坚持对现有核弹头没有信心，因为许多微小的修改会使这些弹头与经过试验的版本不同，因此，需要进行试验来恢复和维持信心。他们认为，威慑是一个动态过程，需要新武器来应对新威胁，并且坚称这些新武器必须经过试验验证。

第二个问题是监测和核查的能力是否足够？“监测”系指技术上的能力，而“核查”系指其维护安全的充分性。支持者认为，监测技术的进步使得逃避者难以进行探测不到的试验。他们声称任何这样的试验的规模都太小而无法影响战略平衡。反对者则看到了许多逃避监测的机会，并相信其他国家进行的秘密试验可能使美国处于严重的劣势。

第三个问题是条约将如何影响核不扩散和裁军？一些支持者声称该条约在技术上为核不扩散做出了贡献，例如限制了武器计划；另一些支持者认为，核不扩散要求在核裁军的方向取得进展，而该条约是关键的一步。反对者认为，强大的核威慑对于核不扩散至关重要，核不扩散与裁军是不相关的；美国已经采取了许多核不扩散和裁军行动，但国际社会却忽视了这些行动。

本报告从美国的角度出发，对《全面禁止核试验条约》的利弊进行了深入全面的讨论，并包含一个概述相关历史的附录。

导　言

《全面禁止核试验条约》（CTBT）禁止一切核爆炸。该条约于 1996 年开放供签署，截至 2008 年 2 月，已有 178 个国家签约，其中 144 个国家批约。要使得该条约生效，还要求 44 个拥有核反应堆的国家必须批约，截至目前，其中 35 个国家已批约、另 7 个国家已签约。美国于 1996 年 9 月签署了该条约，但在 1999 年 10 月参议院否决了该条约。

禁核试由来已久（见附录 A）。长期以来，禁止核试验条约得到了强有力的国际支持，然而美国在此问题上却意见不一。多数美国总统都已致力于达成协定来限制核试验。艾森豪威尔政府为谈判一项条约付出了巨大努力，但未能成功。肯尼迪政府曾寻求过一项 CTBT，当事实证明 CTBT 是不可谈判的，该政府于 1963 年达成了《部分禁止核试验条约》（LTBT），该条约禁止在大气层、水下和太空进行核试验。尼克松政府与苏联于 1974 年谈判达成了《限当量条约》（TTBT），该条约将地下试验限制在 150 千吨当量以下。福特政府于 1976 年谈判达成了《和平核爆炸条约》（PNET），将 150 千吨当量的限制扩大到和平核爆炸。卡特政府没有寻求这两项条约的生效，而是寻求达成一项 CTBT；部分由于政府内部的强烈反对，未能达成任何条约。里根政府因在核查方面的关切拒绝了 TTBT 和 PNET，但于 1987 年开始谈判新的核查议定书。乔治•赫伯特•沃克•布什政府完成了这些议定书的谈判；1990 年参议院批准了这两项条约，两项条约在同年生效。布什总统还签署了一项法律规定，自 1992 年 10 月起暂停 9 个月的核试验。克林顿总统延长了暂停期；最初他想过达成一项持续时间有限、允许低爆炸当量的禁试条约，但在 1995 年他选择了零当量、无限期的 CTBT。乔治•沃克•布什政府继续暂停试验，但没有追求达成 CTBT。

1999 年之后，美国对 CTBT 的兴趣有所减弱，但近年来又重新出现。9•11 事件及伊朗和朝鲜核计划的崛起，使得核扩散风险日益凸显；一些人声称 CTBT 将遏制此类风险。2007 年 1 月，亨利•基辛格、山姆•南恩、威廉•佩里和乔治•舒尔联合发表了一篇专栏文章，呼吁采取步骤来消除核武器，包括批准 CTBT 并使其生效。美国政府正在寻求可靠替代核弹头（RRW）计划，政府认为该计划将降低核试验的可能性；但仍有人提出了 CTBT 与 RRW 的交换条件。与此同时，世界各地的科学家在核爆炸探测方面取得了进展，美国科学家在不进行试验的情况下维护核武器方面取得了进展，这两大问题都是在 1999 年的辩论中受到关切的问题。其他人则认为监测能力不足，且新武器需要进行核试验来验证。国际社会通过联合国大会投票和国际会议继续对该条约施加压力。该条约可能会成为总统竞选中的一个问题。第 110 届国会的几项法案和决议均呼吁批准 CTBT。

关于 CTBT 的观点，反映了不同立场在如何获得安全、核武器作用、核不扩散及其与核裁军的关系（若有）及一般国际关系等方面的争论：

（1）一些反对者主张撤销美国对该条约的签署，并恢复核试验，以维持美国的核武器、武器专业知识和核威慑的可信度，并发展新武器。

（2）一些支持者和反对者出于对政治和国际影响的担心，更倾向于维持暂停核试验的状态，但若需解决弹头问题就进行试验。

（3）一些支持者认为该条约对防止核扩散具有重要价值，并可以帮助美国监督其他国家的核试验。

（4）其他人则赞同，CTBT 是迈向废除核武器的一步。

尽管许多人赞成将废除核武器作为最终目标，但上述第四组人认为废除核武器即使是长期的，也是一个现实可能的目标，而 CTBT 是实现这一目标的关键步骤。这些观点呈现出一定的连续性，不同立场间存在重叠与模糊地带。还有一些人认为该条约对限制武器发展几乎没有作用，因为技术进步使得无须试验即可实现武器发展，或该条约作为一项单独措施在遏制核扩散方面几乎没有作用。尽管美国自 1992 年以来一直遵守暂停核试验的规定，但似乎很少有人将其视为首选立场；相反，该条约的支持者认为暂停试验比恢复试验好，而反对者则认为暂停试验比 CTBT 好。

本报告旨在提供信息，帮助成员国了解 CTBT 的各种问题，并从总体上评估在有或者没有 CTBT 的情况下美国是否会更好。报告围绕 CTBT 可能如何影响美国安全的三个方面展开，而这三个方面即 CTBT 与威慑、监测与核查，以及对核不扩散与裁军的影响在 1999 年的辩论中非常突出。在 1999 年之后的公开辩论中，CTBT 的支持者就该条约各个方面写了大量文章，而反对者写的文章则少得多。为了保持平衡，CRS 从代表所有观点的人那里收集了诸多意见。因此，本报告包含了大量的新材料。

美国能否在 CTBT 框架下维持威慑力？

冷战期间，美国和苏联展开了一场军备竞争（arms competition），通常称之为“军备竞赛（arms race）”或“行动-反应循环（action-reaction cycle）”。这场竞争是动态的。美国建造了携带弹道导弹的潜艇；苏联紧随其后，如法炮制。而苏联为其领导人建造深埋地下的地堡时，美国则建造了非常高当量的武器用以摧毁它们。此类例子不胜枚举。尽管如此，美国和苏联的核战略与计划却产生了一个双方大致持平的态势，冷战在两国之间没有核战争或常规战争的情况下成为历史。

尽管核威慑在多年来有过许多变化，但在冷战期间，由于缺乏更好的替代方案，大多数美国人都支持核威慑。当然，一些人主张美国应追求核优势，而另一些人则认为最低限度的威慑就足够了。还有一些人虽然勉强支持把威慑作为一种过渡措施，但他们认为，虽然威慑的目的是降低核战争的风险，但如果每年的低概率风险在多年之中累积起来，那结果可想而知。尽管有这些不同的观点，国会在几十年里一直支持军队实施威慑战略。

威慑苏联的能力是迄今为止最令人紧张的情况，因此，这一能力被视为足以威慑其他威胁。在这种环境下，核试验发挥了多种作用。核试验主要用于武器研发，同时也用于安全、武器物理学、库存可信度和改装核证。试验还用于保持武器科学、工程和制造方面的技能，并展示美国威慑力量的可信度。

随着冷战和苏联的结束，与一个或多或少可预测的单一对手打交道 40 年的“舒适期”结束了，取而代之的是相当大的不确定性。1993 年，詹姆斯・伍尔西在被提名为中央情报局局长的听证会上说：“是的，我们已经杀死了一条巨龙，但我们现在却生活在一个充满各种各样毒蛇的丛林之中。从许多方面来看，龙更容易被追踪。”

尽管情况发生了变化，但在美国仍然存在广泛但不是普遍的共识，也就是，在可预见的未来，美国需要保持一只核威慑力量。美国进步中心的劳伦斯・科布和马克思・贝格曼写道，“为了维持有效的威慑力量，美国必须继续拥有能够快速而果断地摧毁这些政权的常规力量和核力量”，指的是“极端政权，如伊朗和朝鲜”。西德尼・德雷尔和詹姆斯・古德比在一份军备控制协会的报告中写道，“估计一支拥有约 500 个已部署作战弹头的美国战略力量足以起到威慑作用……这一力量水平足以在不断变化的安全环境中提供一定的灵活性。”一支拥有400～500枚弹头的快速反应力量将为此力量作出补充。2001年的美国政府核态势审议报告指出，随着冷战的结束，“美国核力量仍然需要具备使广泛类型的目标处于危险之中的能力。这种能力对于核力量在各种突发事件下面对广泛的潜在对手时能有效支持威慑战略至关重要。”

然而，争论的问题是需要什么样的威慑。威慑的目标一直是让敌人产生恐惧，如果他们采取某些行动就会遭受不可接受的后果。许多人认为，美苏之间的威慑关系在冷战期间发挥了作用，因为威慑是可信的并且双方都清楚攻击对方的后果。然而，在后冷战时代、在后9•11时代，出现了许多问题。比如，谁是被威慑的，通过什么威胁手段？需要什么武器来使威慑变得可信？威慑是动态的，需要持续发展武器以应对不断变化的威慑？还是现有设计的适量核武器，加上美国的常规军力和经济实力便已足够了？

现有的核武器足以威慑朝鲜吗？还是需要新的核武器来摧毁其领导人可能藏身的地下掩体？又或者这个国家是如此不理性，以至于无法被威慑？还是朝鲜的核攻击非常难以置信？是否可能通过外交手段达到令人满意的结果？需要什么能力来威慑伊朗或遏制其核计划？核力量是否与威慑恐怖分子或其国家支持者有关？

本报告将探讨如下与这些更广泛的威慑问题相关的CTBT和核试验问题。

（1）在不进行核试验的情况下，美国还能维持支持其核武器的设施和熟练技术人员吗？这是首先考虑的问题，因为这些能力是核武器的基础。

（2）现有武器能在不进行试验的情况下得到维持吗？这是在CTBT框架下保持威慑的必要标准，因为研制和部署新武器需要多年时间。

（3）威慑是否需要包含新军事能力的新武器，并且开发这些新武器是否需要进行试验？

（4）美国的武器是否需要更多的安全和保障功能，是否需要通过试验来增加这些功能？此类功能或许能够阻止恐怖分子试图夺取和引爆这些武器。

美国能否在不进行核试验的情况下维持核武器事业？

这里的核武器事业是指由美国能源部（DOE）的一个负责美国核武器计划的半自治机构——国家核安全局（NNSA）管理的核武器综合体；该综合体汇聚了众多科学家、工程师和生产人员，以及国防部（DOD）内处理核武器事务的相关机构。

几十年来，关于美国能否在不进行核试验的情况下维持这一事业，始终存在争议。1963 年，参谋长联席会议将他们支持 LTBT 的条件设定为四项“保障措施”，或这个国家在 LTBT 范围内将采取的行动。前三项将有助于维持这一事业：保障措施 A 是一项积极的地下核试验计划；保障措施 B 是相关技术设施和项目以吸引保留科学家；保障措施 C 是保持迅速恢复大气层试验的能力；保障措施 D 是提高监测能力。肯尼迪总统向参议院多数党和少数党领袖参议员曼斯菲尔德和德尔克森保证，美国将遵守这些和其他保障措施，这对于获得参议院的建议和同意批约起到了作用。长期以来，尽管因对大气层试验的需求减少并最终结束而对保障措施 C 进行了修改，这些保障措施仍然得到了遵守。如附录 A 所述，1974 年至 1990 年期间谈判并生效了其他核试验限制条约。

《哈特菲尔德-埃克森-米切尔修正案》是 1993 财年《能源和水利开发拨款法》的第 507 节，法案编号为 P.L.102-377，该修正案规定从 1992 年 10 月开始暂停核试验 9 个月，限制了此后的试验，并指示总统就在 1996 年 9 月 30 日之前达成 CTBT 的计划作出报告。克林顿总统多次延长了暂停试验的期限。为了应对永久停止试验的前景，国会在 1994 年《国防授权法案》（第 103 号至第 160 号公共法案）第 3138 节中，以及总统在第 15 号总统决定指令中，授权实施一项库存管理计划（SSP），以维持美国在无核试验时代的核能力。

1995 年，克林顿总统宣布他决定寻求一个零当量的 CTBT。他为 CTBT 设置了 6 项保障措施作为条件：（A）库存管理计划（SSP）；（B）吸引和保留科学家的现代化实验室设施和核技术计划；（C）恢复核试验活动的基本能力；（D）持续研发以提高监测条约遵守情况的能力；（E）持续提高情报能力，以提供全球核武器计划的信息；（F）谅解是，如果某个关键核武器类型不再被证明是安全可靠的，“总统在与国会磋商后，将准备按照标准的‘最高国家利益’条款退出 CTBT，以便进行任何可能需要的核试验。”其中保障措施 A、B、C 和 F 将有助于维持核武器事业。

在 1999 年的 CTBT 辩论中，作为美国在不进行核试验的情况下维持核武器事业能力的 SSP 成为一个主要问题。SSP 存在的时间较短，对其能否维持现有武器的能力存在不确定性。前国家安全顾问布伦特·斯考克罗夫特、前国务卿亨利·基辛格和前国防部副部长约翰·多伊奇质疑是否会继续提供资金并写道，SSP“还不够成熟，无法评估其作为试验替代方案的适用程度。”前国防部长卡斯帕·韦恩伯格说，“如果我们需要核武器，我们必须知道它们能起作用。这是核武器威慑力的本质……你唯一能够保证它们能起作用的方式就是进行核试验测试它们。”洛斯阿拉莫斯国家实验室的主管约翰·布朗认为，保障措施 F 绝对必要，而韦恩伯格则担心总统不会行使这项权力。六位前国防部长也担心无限期的 CTBT 可能导致专业知识的流失，这也是克林顿总统提出的安全保障 B 的主题：

> 无限期 CTBT 的另一个影响是，随着时间的推移，我们将逐渐失去具有核武器设计和试验经验的知识渊博的专业人员。设想一下，如果美国停止核试验 30 年将会发生什么。这样一来，我们将依赖那些既没有核武器设计经验，也没有核试验经验的人员的判断。我们将经历一个延伸的遗忘曲线，而不是一个学习曲线。

这些不确定性使一些参议员对 CTBT 产生了怀疑。参议员奥林匹亚·斯诺说，“有些 SSP 方法尚未经证实，我们还需要数年或数十年才能知道它们是否可靠。”参议员约翰·沃纳说，“双方确实存在分歧，这显然引起了合理的怀疑。我来自老派，我认为，如果我们要采取一项影响我们未来数十年甚至可能影响我们永久的重要安全利益的措施，那么就应该排除任何合理的怀疑，因为这涉及这些武器。”

针对这些质疑，该条约的捍卫者试图对这些问题作出保证。国务卿麦德琳·奥尔布赖特说，“我们现在也说过，核武器实验室将在十年内获得 450 亿美元的资金来更新和维持库存管理计划的所有各个部分，”并且美国将“保持需要时再次进行核试验的能力。”能源部部长理查森强调，“如果对我们核威慑力量至关重要的核武器的安全性和可靠性不能获得高度的信心，总统可以在与国会磋商后退出该条约。作为能源部长，如果美国有必要进行核试验，我会毫不犹豫地向总统提出这样的建议。”参议员卡尔·莱文亦强调了保障措施 F 的重要性：

> 如果实验室主管和其他专家不能在 2 年、4 年、6 年、10 年后向我们证明这个库存是安全可靠的，那么我们将会通知所有签署了该条约的国家，根据我们的最高国家利益条款，我们准备退出该条约。
>
> 所以从某种意义上说，该条约几乎是一个年度条约。

自 1999 年以来，克林顿总统的保障措施表现如何？保障措施 A 和 B 要求建立 SSP、设施和计划来吸引和留住科学家。CTBT 支持者声称，在 NNSA 的领导下 SSP 取得了巨大进展。他们引用了时任 NNSA 代理局长托马斯·达戈斯蒂诺的话，他说，“库存管理计划正在发挥作用。这一计划已经证明了它有能力在过去十多年里成功地维持库存的安全、稳妥和可靠，而无须进行地下试验。”劳伦斯利弗莫尔国家实验室的 RRW 项目经理 K·亨利·奥布莱恩称 SSP 为“巨大的成功”。SSP 已经开发了复杂的核武器和爆炸的计算机模型，建造了一些世界上最强大的计算机，正在建造世界上最大的激光设施，并进行非核实验。其监视计划用于检查弹头是否存在问题，其延寿计划（LEP）旨在通过更换有缺陷或预计会有缺陷的部件来纠正这些缺陷。寿命延长后的 W87 弹头已被认证用于库存。虽然第一个 RRW 设计“WR1”将取代一些 W76 弹头，但 RRW 项目专员组主席巴里·汉纳称 W76 延寿计划是一个“卓越的计划”，他认为该计划“满足了海军的需求”。自 1950 年以来就参与核武器问题的 IBM 荣誉退休研究员理查德·加温不同意普遍认为的假设，“即随着武器老化，我们现有核武器的信心和可靠性将不可避免地随时间推移而下降。”相反，“随着时间的推移和计算工具的改进，我相信对现有遗留武器可靠性的信心将会增加而非减弱。”SSP 已允许对美国核库存的安全可靠性进行了 12 次年度评估。它还已允许设计 RRW，后文将讨论此事。NNSA 正计划对核武器生产综合体进行现代化改造。2001 至 2007 财年，SSP 收到约 422 亿美元；其 2008 财年的当前拨款为 63 亿美元，2009 财年的申请拨款为 66 亿美元。

CTBT 的反对者担心，如果没有综合所有现象的核试验，就没有实验基础使设计人员能够确保他们对设计的理解与他们从核试验中学到的知识相一致。正如前军控和裁军局核与武器控制助理司长凯瑟琳·贝利在 1998 年作证说，“虚拟现实无法取代现实。”在这种观点中，没有新的核试验数据，库存管理的工具就是未经验证的，因此认证就是政治声明，而不可能确定库存是安全可靠的。支持者说，计算机模型是有效的，因为它们符合大量的实验数据，特别是包括美国核试验计划的结果；批评人士则回应称，虽然单个电子元件的性能可以通过反复测试来验证，但核爆炸是一个综合事件，无法通过分析单个元件的性能来进行预测。他们认为，将计算机模型与过去的试验结果相匹配，与观察计算机模型预测未来试验结果的准确度相比，是一种不同且更容易的练习。

SSP 依靠于熟练的工作人员。CTBT 的反对者指出了洛斯阿拉莫斯国家实验室的卡罗尔·伯恩斯提出的担忧："2006年，NNSA表示，核武器计划的技术人员中，约有40%已达到退休资格。"她指出，拥有核科学博士学位的学生数量有所下降，并指出美国大学在放射化学和核化学领域获得博士学位的人数自1968年的33人下降到2003年的4人。

反对者看LEP有不少问题。正如时任NNSA局长的林顿·布鲁克斯在2005年说，"对弹头再制造的认证工作正变得越来越困难且成本昂贵。在这些系统（即弹头）的延寿期间，由于不可避免地会积累一系列微小变化，导致这些弹头逐渐偏离测试过的设计，这意味着我们面临着越来越多的不确定性。"美国国防研究与工程的前主管，约翰·福斯特提出了其他担忧：

> 库存管理计划一直是核武器实验室的救命稻草。它吸引和留住了科学家和工程师，为了解核武器性能和推进武器科学提供了新的世界级工具。然而，我有三个突出的担忧。首先，美国于1989年停止了核武器坑的生产，导致武器生产迅速停止。自那时以来，生产核武器的能力已经萎缩。其次，自1992年以来，我们没有进行过地下核试验，这将使我们库存的安全性、可靠性和性能都面临风险。最后，对老化库存的定期监视已经显示出有必要启动延寿计划来翻新几种弹头类型。这一过程将新的材料和组件引入到弹头中，从而引入了"先天缺陷"的可能性，提高了风险。

支持者声称，保障措施C，即"恢复核试验活动的基本能力"已经得到满足，因为NNSA已将进行一次核试验所需时间从36个多月减少到了24个月。

反对者回应称，如果没有核试验，随着技术水平的退化、程序的过时，以及设备的废弃，核试验能力就会下降。保障措施D和E不涉及SSP。没有人能够证明美国是否会根据保障措施F退出CTBT，尤其是在美国尚未批准该条约的情况下。2002年，美国退出《反弹道导弹条约》可能使美国退出CTBT的前景显得更为可信，尽管批评者认为，退出CTBT的前景取决于总统是谁，因此是不确定的。

美国能否在不进行核试验的情况下维持现有的核弹头？

正如前文所述，在冷战期间，威慑是动态的，美国和苏联采取了多次核行动和反击行动。试验对于双方开发新武器都必不可少。在 1999 年的辩论中，有关条约和威慑的争论只占了很小一部分，这是可以预见的。辩论的双方都认同维持核威慑力量至关重要。反对者认为，不进行试验就不可能做到这一点。正如前国防部长詹姆斯·施莱辛格所作证的那样，“在缺乏试验的情况下，我们对库存可靠性的信心将不可避免地下降。”他们质疑美国是否能够在 1999 年依靠 SSP 来维持武器。该条约的支持者则持有不同观点。国务卿玛德琳·奥尔布赖特说，“根据条约，美国将保留安全可靠的核威慑力量。”美国参谋长联席会议主席亨利·谢尔顿将军作证道：

> 参议员列文：你告诉我们的是，我们身着制服的最高领导层一致支持这项条约？
>
> 谢尔顿将军：我想补充一点，列文参议员，除非我们认为我们能够保持可靠的核威慑力量及安全可靠的核武库，否则我们绝不会这么说。

自 1999 年以来，只要这个国家保有核武器，它就得到了持续的支持来维持核武器。为做到这一点，主要有三种方法。可靠替代弹头（RRW）计划的支持者和延寿计划（LEP）的支持者都认为他们的方法将减少进行试验的可能性，而另一种方法则会增加试验的可能性。相反，另一些人认为，无论是 RRW 还是 LEP，都不能在不进行试验的情况下为现有弹头的安全性和可靠性提供足够的信心。因此，他们认为试验是必要的。

作为一项资助计划，RRW 计划开始于 2005 财年综合拨款法案（第 108 号至 447 号公共法案）；该计划被描述为一项“提高现有武器及其组件的可靠性、寿命和可认证性的计划。”在 2006 财年国防授权法案（第 109 号至 163 号公共法案）中，国会设定了一个目标，即该计划“进一步降低恢复地下核武器试验的可能性”。第一个提议的 RRW 计划，即 WR1，将用于取代三叉戟Ⅱ潜射弹道导弹上的一些 W76 弹头。WR1 的设计旨在满足冷战后的需求，如增强安全性、增加制造的便利性，以及在不进行核试验的情况下保持高可信度。然而，2008 财年的综合拨款法案（第 110 号至第 161 号公共法案）取消了 RRW 计划的资金，使其前景不明。关于未来 CTBT 辩论的一个问题是，长期来看，RRW 和 LEP 中哪一种方法更不太可能需要进行核试验。

NNSA 声称，由于采取了增加信心的措施，RRW 将使核试验的需求变得不太可能。例如，RRW 设计师采用了高余量的设计方法，基本上是内建了比需求还要多的性能，以使材料退化或设计制造缺陷不太可能把弹头性能降至最低要求以下。他们认为，他们可以这样做，因为设计不受几十年前的技术和设计选择的限制。他们认为增加余量是设计中唯一最重要的目标。信心的另一个基础是设计贴近过去的经验。设计了 WR1 核部件的劳伦斯利弗莫尔国家实验室表示，与 WR1 极其相似的部件在过去进行过核试验。出于这一原因及其他原因，“有直接的核试验证据证明［WR1］设计将正常运行”。

NNSA 及其实验室也表达了担忧，从长远来看，通过反复的 LEP 对现有弹头进行微小的改动将会引入缺陷，使得保持其可靠性变得更加困难，可能需要进行核试验。他们认为，LEP 计划使用复制品替换有缺陷或退化的部件。正如托马斯·达戈斯蒂诺所言，“W76 的 LEP 计划和延寿方法是对我们在冷战中所拥有的库存进行的精确重建。我们试图完全模仿 30 年前的制造流程”。令人担忧的是，部件和制造流程无法精确复制，这使得弹头超出了经过核试验验证的设计范围。这个问题可能导致寿命延长的弹头出现缺陷，从而导致其失效。

LEP 的支持者质疑 RRW 是否会提供高可信度。正如马里兰大学的史蒂文·费特所说，“像大多数其他弹头一样，RRW 将有或可能有先天缺陷或可靠性问题，这些问题将在弹头部署后不久被发现并得到纠正。没有人能说这些先天缺陷带来的不可靠性是否会比现有弹头因寿命问题而产生的不可靠性更大或更小。”因此，他们怀疑新设计的 RRW 能否在未经试验的情况下就能获得认证。桑迪亚国家实验室的前副总裁罗伯特·皮里福伊表示，“目前的核武器库存包含大约 8 种核武器类型。此类武器已经进行了大约 100 次成功的当量试验。这些武器得益于在允许核试验的 40 年左右的时间里进行的大约 1 000 次当量试验。国防部真的愿意用未经试验的设备替换经过试验的设备吗？”

LEP 的支持者认为，现有的弹头是可靠的，12 次库存评估证明了这一点，并且 LEP 可以在很多年内保持它们的可靠性而无须进行核试验。虽然问题出现了，但解决方案也出现了，并且 LEP 的支持者认为 SSP 在这场竞争中至少保持了平衡。RRW 的支持者同意 SSP 正在取得进展；一位 NNSA 官员表示，“每年，我们都在更全面地了解我们老化的库存性能背后的复杂物理过程。”此外，LEP 的倡导者表示，目前的弹头都在经过核试验验证的设计参数范围内。从这一观点来看，SSP 和 LEP 可以通过仔细的再制造来保持余量，以尽量减少变化。他们还表示，根据普遍的共识，某些弹头的余量可以通过某些方式增加而不改变弹头本身。虽然作为新设计，RRW 可能会有“先天缺陷”，但 LEP 的支持者声称现有设计中已经排除了这类缺陷。

然而，一些人怀疑 LEP 或 RRW 能否被评估为可靠，因为在 RRW 的情况下它永远不会被试验，而在 LEP 的情况下因为小的变化会破坏对可靠性的信心。在这种观点中，SSP 仅实现了政治评估，而非技术评估。由于 SSP 是在停止试验开始后出现的，这些批评者认为其工具从未经过专门用于此目的的核试验验证，因此，它们可能导致错误的结论。按照这种观点，NNSA 在进行核试验之前无法确切知道 SSP、RRW 或 LEP 是否有效。无论是美国本身、其朋友还是其敌人对美国的核武库充满信心，这是威慑的核心，按照这种观点，美国必须不顾政治上的关切进行核试验，因为只有通过试验才能保持信心。

本节探讨了三种观点：RRW 比 LEP 更不可能需要试验；LEP 比 RRW 更不可能需要试验；以及，如果不进行试验，美国对 RRW 和 LEP 都没有信心。有人可能会提出第四种观点，即 RRW 和 LEP 都不太可能需要进行试验。这种观点可能导致一种混合 LEP-RRW 的力量。正如劳伦斯利弗莫尔国家实验室的亨利·奥布莱恩所言，“对于小型库存和综合体而言，我们最好的方法是保留一些更好的现有武器类型（即那些余量相对较高、安全和安保技术更先进及材料更可持续的武器类型），并用少量的 RRW 类型替换其余的武器类型。”

威慑需要必须经过试验的新弹头吗？

CTBT 的反对者认为，不进行试验而通过 LEP 来维持现有武器的能力，即使可以做到，也没有抓住重点。在他们看来，威慑需要持续将敌方领导人珍视的资产置于危险之中。然而，他们认为当前核弹头存在诸多限制。

（1）当前的弹头是在冷战期间设计的，具有很高的当量，可以摧毁苏联导弹发射井等坚固目标。然而在这种观点看来，这种高当量可能导致美国出于对目标地区及其周边造成大规模平民伤亡的担忧而避免使用这些武器。正如 2006 年美国国防科学委员会的一项研究所指出的那样，“那些被潜在对手视为不可用和无效的武器不能成为有效、可靠的威慑力量。”

（2）条约的反对者认为，当前的弹头如果在地表附近爆炸，将会留下大量残余辐射，会污染大片地区并杀死许多人，这会阻止美国使用这些弹头。

（3）他们认为，目前的弹头的辐射输出与摧毁化学或生物制剂或产生电磁脉冲等任务所需的辐射输出不同。

（4）当前的弹头无法摧毁敌方领导人高度重视的关键目标，例如坚固而深埋的掩体，那里可能隐藏着大规模杀伤性武器、关键通信节点或敌方领导人。

WR1 也有这些限制。例如，它具有与它将取代的 W76 大约相同的当量，并且使用不能穿透地面的再入体。

CTBT 的反对者认为威慑是动态的，因此，它继续需要新的军事能力，而这些能力只能体现在通过核试验开发的新武器上。

国防部专家咨询组“威胁降低咨询委员会”表示，进行试验的一个原因是“在新的核武器量产之前支持新的核武器的认证，新的武器设计需要进行试验是实现所需能力的唯一选择。”它提供了一些需要“为新任务的核效应量身定制的物理包设计”的武器示例，包括：

（1）减少附带效应的穿地弹头，以打击坚固、深埋的目标；

（2）打击化学或生物场所的弹头，同时中和释放的生化制剂；

（3）减少残余辐射的弹头。

9·11 袭击事件凸显了人们对核恐怖主义的担忧，并对核武器与威慑流氓国家和恐怖分子之间的联系提出了质疑。根据 2001 年 12 月发布的核态势评估报告：在核力量和核计划方面需要比冷战时期更大的灵活性。在新的安全环境中，潜在对手最看重的资产可能是多种多样的，在某些情况下，美国对对手价值观的理解可能会发生变化。因此，尽管将这些资产置于危险之中所需的武器数量有所下降，但美国的核力量仍需要拥有把各种目标类型置于危险之中的能力。

该条约的反对者看到了试验的另外一种价值。据美国前国防核机构主管罗伯特·门罗中将（美国海军退役）称，“正在进行的地下核试验计划极大地提高了美国核威慑的可信度。相反，不进行试验实际上破坏了我们核力量的可信度。一个没有能力试验核武器的国家几乎肯定也没有能力使用核武器。”

CTBT 的支持者认为，现有的核武器足以起到威慑作用，没有哪个敌对领导人会赌它们不会起作用，或者赌美国在受到严重挑衅时不会使用它们。与此同时，支持者认为，无论核武器的特性或当量如何，由于自 1945 年以来已经建立了反对使用核武器的规范，核武器都是最不可能被使用的。有人认为，目前的核武器在冷战期间阻止了俄罗斯或中国的核攻击，并将继续发挥这一作用，特别是在这种攻击的可能性必须被判定为渺茫的情况下。该条约的支持者声称，美国的常规军事力量威慑了来自其他国家的威胁。使用这些力量是可信的，它们可以被精确地定位，而且它们造成的附带损害要远小于核武器。

此外，有人认为，对手可以轻易反击美国新的核能力。把化学或生物武器放置于地下深处，就可能挫败旨在摧毁化学或生物武器的核武器，即使是穿地武器也无法摧毁它们，因为爆炸的热量和辐射无法抵达那么深的地方。更简单地说，这些武器可以被转移到城市中不起眼的建筑物或农村地区的山洞中，按照这种观点，美国情报机构几乎无法锁定其任何位置。同样可以通过更深的埋藏、更强的硬化、在山体内挖隧道，或将资产分散至隐秘的地面位置等手段来挫败穿地武器。

该条约的支持者认为，国会的几项行动暗示，国会不会支持进行试验来开发新武器。在过去几年里，国会终止了“地堡破坏者”坚实型核钻地弹（RNEP）和先进概念倡议，被广泛但错误地认为正在开发一种“小型核武器”。它在 2006 财年国防授权法案中明确规定，RRW 计划的一个目标是进一步降低重新进行试验的可能性。它随之取消了 2008 财年对 RRW 的资金支持。

美国的核弹头需要新的保证功能吗？需要进行核试验来增加这些功能吗？

尽管有几个定义，但这里的“保证（surety）”一词，我们将其理解为包括安全、保障（security）、使用控制和使用拒绝。安全涉及保护弹头防止发生意外爆炸；保障，则是通过分层方法进行处理的，包括从弹头特征到物理安全的所有方面；使用控制，只允许被授权人员在国家指挥当局的指示下方能使用弹头；使用拒绝，则是指防止任何未经授权的核武器使用行为。保证一直是核武器设计中最重要的特征，其技术在不断改进，例如使用了几代容许性行动链接，这需要用户输入代码才能激活武器，以及实施了各种安全增强措施。在冷战期间，核试验是例行公事，因此，试验对于引入这些功能是否必要的问题是没有实际意义的。

1999 年，CTBT 的反对者认为，可以而且应该给美国的弹头增加新的保证功能，而且只能通过核试验来增加。1997 年，时任洛斯阿拉莫斯国家实验室主管的西格弗里德·赫克尔作证说："有了 CTBT，就不可能像我们在 1990 年期间所考虑的那样，为提高弹头的内在安全性进行一些潜在的安全改进。"罗伯特·巴克尔，前国防部负责原子能事务的助理部长，在 1999 年说："在将要保留在库存中的九种武器类型中，只有三种武器拥有所有三种最现代化的安全功能，而另外三种武器只有一种这样的功能。只要我们不能开展必要的核试验，这些安全缺陷就将继续存在。"相反，能源部长理查德森说："在我们最后一次地下试验 7 年后，我们的核武器库存是安全可靠的。自 1996 年以来，能源部长和国防部长已经三次向总统证明了这一点……在 CTBT 的框架下，我们的核威慑力量将继续是安全可靠的。"

还有一个问题是需要新的保证功能。1999 年，斯坦福大学物理学名誉教授西德尼·德雷尔在 1999 年说：

> 那时（1990 年），我没有支持 CTBT。我想到了一些进一步的安全改进措施，并提出了一些论点。
>
> 首先，国防部对此毫无兴趣。他们不想花钱来进行安全改进。其次，一些问题已经被解决了。另一些问题则通过海军的处理程序进行了修改，并且他们已经让自己和国防部满意，安全要求现在是安全可靠的。

其他人持相反的观点。贝利和巴克尔认为，“考虑到恐怖主义威胁日益增长，确保美国核武器尽可能安全、可靠且不被未授权使用，这看起来是谨慎的。”

在9·11事件后，安全保证变得更加重要。正如林顿·布鲁克斯在2005年所言：“我们现在必须考虑到一种明显的可能性，即装备精良、能力高强的恐怖主义自杀团队试图获取一枚弹头以便在适当的地方引爆它。”快速反应，增加物理安全保障的代价是高昂的。增加使用拒绝功能可以减轻警卫部队的负担。

有人认为，保证功能将增强威慑，尽管与冷战时期的方式不同。一种形式的核攻击将是自杀恐怖分子夺取美国的核武器并在适当的地方引爆它；另一种形式是恐怖分子夺取美国的一件核武器，拆解它并使用其中的裂变材料制造武器。为应对恐怖分子的核攻击，威胁使用核武器摧毁一座城市或训练营的办法是很难有效威慑恐怖分子的，如果美国使用核武器使许多国家反对美国，他们可能会认为美国使用核武器是可取的。相反，人们希望增强的保证功能能够通过产生不可接受的后果（即高失败概率）来阻止攻击。此外，如果发生此类攻击，增强的保证功能可能会击败它们。

武器设计者和NNSA认为，WR1的设计表明可以在不进行核试验的情况下增加保证功能，并认为RRW对于获得这些功能至关重要。利弗莫尔实验室表示，例如，放宽WR1的重量限制，已经允许设计者完成了一种设计，使其在不进行核试验的情况下融合了安全和安保方面的革命性进步。相比之下，根据NNSA的证词，“通过LEP方法进行系统改装，难以轻易获得重大的安保增强。”

CTBT的支持者并不将加强保证视为进行试验的理由。他们认为当前的武器足够安全，正如12次评估和美国未发生过意外核爆炸所显示的那样。他们把尽可能追求更多保证的目标看作是不断开发一代代武器以添加新功能的原因。他们还认为，恐怖分子夺取并引爆美国核弹头的场景是牵强附会的，因为有实际的安保措施，而且他们认为，如果需要，可以加强这些措施以增加保证。他们怀疑那些只能通过核试验才能增加的新保证功能是否真的至关重要到需要进行核试验的程度。

CTBT 的反对者认为，考虑到恐怖威胁，应尽可能保证核武器的安全，并认为进行核试验比不进行核试验可以增加更多的保证功能。虽然可以通过增加枪支、门禁和警卫等手段来加强安保，但这样做的代价将非常高昂。他们坚持认为当前的弹头不够安全和稳妥，并认为只能通过试验来提高它们的保证性。虽然 RRW 提供了比当前弹头更先进的保证功能，但 CTBT 的反对者认为，美国永远无法知道这些功能在未经试验的情况下是否有效。在他们看来，需要进行核试验也是为了证明现有弹头或 RRW 上的新保证功能是否会影响其性能。

条约是否针对欺骗行为提供了足够的保护？

监测与核查一直是关于禁核试的辩论和谈判的核心问题，已有半个世纪之久。虽然这两个术语经常被交替使用，但它们还是有所不同。监测涉及寻找已经发生核试验的迹象。

这是隐藏者和寻找者之间的一场动态较量，CTBT 的支持者表明监测能力正在提高，而条约的反对者则对这种能力提出质疑，并声称逃避能力正在提高。核查，字面意思是“制造真相”，它涉及判定某个国家是否遵守其条约义务。问题不在于完善的核查，而是有效的核查。1988 年，保罗·尼茨提出了一个被广泛使用的定义：通过有效的核查，“我们的意思是，我们想要确保，如果另一方以任何重大的军事方式超越了条约的限制，我们将能够及时发现这种违约行为，从而做出有效回应，并因此否认另一方从违约行为获得的利益。”

因此，监测是一项提供数据的技术活动，而核查则使用这些数据来对是否遵守条约进行判断。正是由于这个原因，CTBT 建立了一个国际监测系统，并将一个国家是否违反了条约的判断留给各个国家自行决定。

监测能力、秘密试验的军事价值和有效的核查是相互关联的。作为一个假设的例子，如果 0.1 千吨以上的试验具有重大的军事价值，而检测的阈值为 10 千吨，那么 CTBT 将无法得到有效的核查，但如果数字反过来，就能够得到有效核查。

因此，CTBT 的反对者声称用于检测的阈值很高，而用于军事价值的阈值很低；支持者则提出相反的说法。因此，接下来的部分将讨论该条约禁止的内容；描述几种监测技术及关于它们的能力和弱点的争论；考虑秘密试验是否会带来军事优势；并讨论某国如果被发现作弊可能面临的风险。

1999 年关于批约的公开辩论未详细讨论监测 CTBT 的技术能力。在参议院关于该条约的听证会上，没有具有监测技术专业知识的科学家作证。然而，议员和工作人员收到了来自国家实验室的科学家们和情报界的大量机密简报。自 1999 年以来，科学家们在检测能力方面取得了许多进展，并已被广泛发表。最重要的监测技术报告是 2002 年由美国国家科学院（NAS）编制的。

该报告总体上赞成该条约。2007 年准备的另外两份技术进展概述也支持该条约。许多期刊文章讨论了具体的技术进步。

相比之下，几乎没有任何非机密的技术报告反驳关于监测取得进展的说法。然而，CTBT 的反对者们已经提出了许多争论，因此，未来关于监测的任何辩论很可能不会像人们从书面的不平衡中推断的那样一边倒。

条约禁止什么？

CTBT 第一条明确规定了该条约的基本义务：“每一缔约国承诺不进行

任何核武器试验爆炸或任何其他核爆炸……”。该条约没有定义“核爆炸”。然而，在物理上有可能进行没有合作措施就无法探测到的微小核爆炸。例如，美国在 1958—1961 年暂停核试验期间进行了几十次“流体核”试验，其中许多试验释放的裂变能量相当于不到一克的高爆炸药所释放的能量。正如后面所讨论的，一些人对探测不到极低当量试验的前景表示担忧。因此，1999 年辩论的一个争论点是该条约是否禁止了极低当量试验。一些 CTBT 的批评人士认为俄罗斯和美国对“零当量”的定义不同。参议员理查德·谢尔比就引用了“俄罗斯原子能部第一副部长的公开声明，即俄罗斯打算继续进行低当量的流体核试验，并认为这些试验不属于条约所禁止的核试验范畴。”因此，在这种观点下，俄罗斯可能会进行军事上有用的低当量核试验，同时仍然认为自己遵守了 CTBT。

政府官员回应称，各方都明白该条约所指的是零当量。副国务卿约翰·霍勒姆表示，该条约“确实禁止任何核试验爆炸或任何其他核爆炸，谈判记录非常清楚地表明这意味着核事件不能产生任何临界当量。你可以做不达到临界的事情，但你不能做达到临界的事情。”退休于 1997 年的外交官史蒂芬·勒斯多加大使是里根、布什和克林顿总统时期 CTBT 的首席谈判代表，他阐述道：

> “正如条约名称所示，它全面禁止一切在任何地方进行的任何规模的核爆炸。我听到一些批评该条约的人试图质疑俄罗斯在谈判和签署该条约时是否根据条约法真正承诺全面禁止任何核爆炸，包括爆炸、实验或哪怕是释放最轻微核当量的事件。换句话说，俄罗斯是否同意禁止产生核当量的流体核试验，尽管这种核当量通常非常非常小，是否同意不禁止那些因未达到临界状态而没有当量的流体动力学爆炸。”
>
> 答案是肯定的。俄罗斯以及其他的 P-5 国家（联合国安理会的五个常任理事国中国、法国、俄罗斯、英国和美国）确实作出了承诺。这一答案在几

乎所有技术层面和所有期望和允许的国家安全机密层面的谈判记录中得到了证实。更为重要的是，就目前的辩论而言，俄罗斯高级官员的公开发言记录也证实了这一答案，因为他们在阈值问题上的立场不断演变，并与已形成的共识保持了一致。

这个问题仍然没有解决。2007 年，美国国务院在一封信中表示：

“美国国务院不知道有关于‘零’当量含义的任何国际协议。在条约谈判期间，P-5 达成了一项谅解，即次临界核实验不在条约禁止范围内。美国还明确表示，它认为超临界核爆炸驱动装置试验应被条约禁止。然而，P-5 之间并未就以临界性为基础来确定哪些活动是 CTBT 允许的、哪些活动是不允许的达成一致。因此，这留给各个缔约国自行决定，产生非零当量的试验是否违反了该条约。”

CTBT 监测机制的能力如何？

监测系统和方法

由于担心 CTBT 的缔约国可能作弊，从而改变战略平衡，监测条约的能力一直是有关条约辩论的一个组成部分。对地下核试验的监测一直要难于对其他环境中试验的监测。大气中的放射性粒子（降落尘）很容易在痕量级别被探测到。海洋中的声波可以传播很远。太空中的试验可以通过国家技术手段被探测到。正因为如此，LTBT 只禁止了在大气层、太空和水下进行的试验。因此，本节的大部分内容着重于地下试验的探测和探测的逃避。这一节介绍几种监测技术的技术背景和争论的观点。

该条约包含复杂的条款，旨在监测不进行核爆炸这一基本义务的遵守情况。它设立了一个全面禁止核试验条约组织（CTBTO），将在条约生效后开始运作。该组织的基本组成是缔约国大会，一个执行理事会，旨在促进条约的实施和遵守，并设立了一个技术秘书处进行监测。秘书处正在部署一套国际监测系统（IMS）来探测核试验；正在部署一个国际数据中心（IDC）以分析数据并将结果分发给各成员国；并正在部署一个全球通信基础设施以向 IDC 传输数据和传送来自 IDC 的报告。如果执行理事会 51 个成员中的 30 个成员赞成，该条约还允许进行现场视察（OSIs）。1996 年，各签约国成立了 CTBTO 筹备委员会，以实现该组织、IMS 和 IDC，并为 OSIs 做准备，以便 CTBTO 在条约生效时全面运作起来。

该条约要求 IMS 在全球建立 321 个台站，用以监测可能指示核爆炸的信号，包括：170 个监测地球上地震波的地震台站；11 个监测水下声波的水声台站；60 个监测大气中极低频声波的次声探测器阵列；以及 80 个探测核爆炸可能产生的放射性粒子的放射性核素站；还有 16 个分析放射性样品的放射性核素实验室。地震台站中，50 个为基本地震台站，能够连续实时地向 IDC 提供数据，120 个为辅助地震台站，在 IDC 要求时提供数据。截至 2007 年 11 月 26 日，已经有 37 个基本地震台站、76 个辅助地震台站、10 个水声台站、37 个次声阵列台站、47 个放射性核素台站和 9 个放射性核素实验室获得核证。也就是说，它们已经完成台站建设并满足筹委会的技术要求。这些台站自动连续地向 IDC 传输数据，除了辅助地震台站和放射性核素实验室是应 IDC 的要求才向其传输数据。

自 1940 年代起，美国就已经在运行自己的系统探测核试验。目前的系统名为美国原子能探测系统（USAEDS），由空军技术应用中心（AFTAC）负责运行。AFTAC 表示，USAEDS 是一个“覆盖全球的核事件探测传感器网络”，包括地下、水下、大气和太空传感器。NNSA 为星基的和地基的核爆炸监测提供技术支持。还有其他机构也在进行核爆炸监测的研究。截至 2007 年 8 月，21 个 USAEDS 的地震台站成为了 IMS 的一部分（即它们向 IDC

提供数据)，同时 USAEDS 还具备其他能力，比如在卫星上搭载探测器，这些并不属于 IMS 的范畴。在某种程度上，USAEDS 和 IMS 是互补的。USAEDS 作为一个国家系统，专注于美国关注的领域；而 IMS 作为国际条约的一个实体，维持着一个全球性的探测网络，因此，没有哪个国家觉得自己被单独挑出来受到特殊的监测关注。IMS 向所有签约国，包括美国，提供来自其监测网络的数据；一些数据来自美国无法进入的场地。此外，对其中一些国家来说，IMS 的数据可能比 USAEDS 的数据更可信。前者来自一个透明的、国际控制的系统，而如果执行理事会成员怀疑美国是有选择性地发布信息，或者，如果那些传感器和产生的数据是一些执行理事会成员所不熟悉的并因此给他们造成解释上的困难，USAEDS 的数据对执行理事会成员的说服力可能就会较低。正如美国国务院所说，“在朝鲜核试验的案例中，几个国家已经注意到，IMS 和 IDC 的数据和分析结合美国的国家数据和分析，使他们在评估事件时比单独使用美国的数据和分析更有信心。”除了 IMS 和 USAEDS 外，学术机构和国家政府在世界各地还运行着成千上万个其他地震台站。其中一些台站可能会基于特定需要向 IDC 提供信息。

普遍观点认为，IMS 将能够探测到大多数当量在 1 千吨或更小的非逃避性试验。时任桑迪亚国家实验室主管的 C.保罗・罗宾逊在 1999 年说：“对于在除外层空间以外的环境中进行的非逃避性试验，条约谈判者非正式使用的作为一个非官方目标的 IMS 探测阈值是约 1 千吨。尽管 IMS 的覆盖范围不会均匀地覆盖全球，但预计总体上能够达到这个非正式的目标。”美国国家科学院的一份报告将非逃避性地下核试验的探测阈值定为“明显优于 1 千吨”，并表示：“对于欧洲、亚洲和北非的大部分地区来说，在硬岩中，探测阈值是在 30～60 吨（0.03～0.06 千吨）的范围内下降的。”IMS 和非 IMS 台站对 2006 年朝鲜核试验的探测结果，支持了对非逃避性地下核试验的探测阈值低的说法，美国则将其当量定为不到 1 千吨。

地震技术

数十年来，地震学一直被应用于探测和区分地震和爆炸，尽管地震学很难区分常规核爆炸和低当量核爆炸。地震和爆炸都会产生多种类型的地震波，这些地震波会在地球内部传播。各种技术被用来从这些地震波中获取更多信息。例如，地震阵列通常由 5 到 30 个地震仪组成，分布在几平方公里的范围内，并与一个中心点相连。由于地震仪之间的距离差异，来自同一事件的地震波到达每个地震仪的时间略有不同。这些时间差可以用来计算地震波到达的方向。这项技术已经使用了几十年。

其他技术也有助于提取信息。一些地震波是远震波，即使在超过 9 000 公里的距离上也能被探测到。例如，南美洲的一座 IMS 台站就探测到 2006 年朝鲜核试验产生的地震波。一些远震波沿着地球表面传播，而另一些则穿过地球内部。后者有些是剪切波，当断层的两侧相互滑动时，地震会强烈产生剪切波。其他的是压力波；当爆炸的压力向外辐射时，爆炸会强烈产生压力波。剪切波与压力波在地震记录图上的表现形式不同，这为一个事件是地震还是爆炸提供了线索。另一个区别是，爆炸产生的首波是突然到达，而地震产生的首波则是在短时间内逐渐增强。最近，区域性地震波已被用于区分地震和爆炸。这些地震波通常可在直到 2 000 公里的距离上被观测到；即使来自一个事件的远震波无法被探测到，它们也能够经常被探测到。

一个事件的地震波到达世界各地多个地震台站的方向可以用来确定地震事件的大致位置。地震波的幅度也可以用来计算爆炸的当量，尽管存在相当大的不确定性。CTBT 把现场视察（OSI）的视察区域面积限制在 1 000 平方公里内，而 CTBTO 筹备委员会表示，在朝鲜核试验的情况下，“通过对所有可用数据的分析，使得我们能够确定一个远小于 1 000 平方公里的潜在视察区域”，尽管爆炸的当量很低。

争论的观点

CTBT 的批评者指出，“解耦”是一种逃避地震探测的方法。它可以追溯到20世纪50年代末。这种技术涉及在一个足够大的地下空腔中引发爆炸，这个空腔能够弹性地吸收爆炸力，从而减弱爆炸产生的地震信号。批评人士指出，1966 年，在密西西比州的一个盐丘进行的一项解耦实验中，0.38 千吨的爆炸产生的地震信号似乎是由相同爆炸规模的 1/70 的爆炸产生的。中央情报局的拉里•特恩布尔说：

> “在判断这种逃避场景是否可信时，必须考虑建造一个大型空腔和容纳核爆炸产生的碎片的可行性……在硬岩和盐丘中建造大型空腔是可行的，与生产核装置材料相比，其花费相对较小……仍需要考虑在空腔中容纳核爆炸产生的碎片的难题。在盐丘中同时封留粒子和气体碎片是可行的，而在硬岩中则更加困难——尽管不是不可能。因此，我们判断空腔解耦逃避场景是可信的，并应作为任何地下核试验监测的考虑因素。”

CTBT 的支持者回应称，虽然解耦对于非常低当量的爆炸有效，但对于较大当量的爆炸来说则要困难得多。美国国家科学院（NAS）的报告提出了进行解耦试验的十项困难，例如秘密建造空腔、预测试验产生的信号、确保装置的当量不大于设计值以及封留放射性核素等。报告发现：“接受空腔解耦试验的可能性，我们得出结论，如果地下核爆炸的当量大于 1 000 吨或 2 000 吨，那么它将无法可靠地隐藏。”

CTBT 的批评者认为解耦是可以被隐藏的。美国军备控制与裁军署前核与武器控制助理司长凯瑟琳•贝利和前国防部长原子能事务助理罗伯特•巴克驳斥了这样的说法，即为建造一个空腔而挖掘移走的土石会是解耦试验的一种标志：“在印度，其所使用的试验场一直被密切观察，在核试验前没有发现这种活动。”CTBT 的拥护者回应称，这个例子并不能有效地表明美国有能力探测到为做解耦试验而进行的挖掘活动，因为那次试验不是解耦的，而解耦试验需要挖掘更多的材料。例如，要解耦一个当量为 3 千吨的装置，就需要一个半径为 37 米、体积为 212 175 立方米的空腔。相比之下，一个直径为 10 英尺、深度为 600 英尺的竖井，其尺寸是可能用于非解耦的 3 千吨当量试验的，它的体积仅为 1 327 立方米。对此，CTBT 的反对者回答称，如果有人想隐藏出现挖掘活动的事实，那么挖掘出来的材料可能无法被卫星观测到。挖掘出的材料可以在卫星不在头顶时被移走，或者可以在现有的隧道中被转移到地下。水力挖掘技术可以用来在盐丘中创造大型空腔。特别是，据美国国务院所称，“从地震探测的角度来看，伊朗提出了特殊的挑战。伊朗众多的盐丘提供了一个有效的解耦环境，在没有近距离传感器的情况下，使探测变得特别困难。”

条约的支持者指出，地震学能力的众多进步将有助于监测 CTBT。最重要的是 IMS 的持续推出；它在全球的许多地震（和其他）台站实时向 IDC 提供数据。由于 IMS 是一个国际系统，它的许多台站处于美国无法进入的地区，比如伊朗。此外，重要的是，地震台站将提供区域和远震数据，因为区域数据在探测低当量试验和解耦试验方面具有特别的价值。有消息来源称，“区域波增强了探测空腔解耦试验的能力，因为高频波在区域距离上更容易被观测到，并且……与远震波相比……解耦产生的地震波在更高的频率上要更小……”区域台站已经证明其比预期的更有价值，根据英国地震学家的说法：

> “在谈判 IMS 时，纳入辅助地震台站的理由是这些台站将提高 IMS 定位地震事件和更精细地描述震源特征的能力，辅助地震台站只在被询问时才向 IDC 提供数据，而不是连续向 IDC 提供数据。随着 IMS 的不断部署，地震学家已经发现辅助地震台站对于识别地震信号的来源是地震或爆炸具有特别的

> 价值，因为它们接收到可用于识别的某些地震波。此外，事实证明，拥有许多地震台站，例如在各自国家的或大学的网络中的地震台站，可以补充 IMS 的台站并增加数据的可用性。”

CTBT 的支持者指出，除了地震波的特性外，地震波的其他特征也有助于区分地震和爆炸。若地震事件的震中深度超过 10 公里，就排除了爆炸的可能性，同样，若在海上找到震中却未观测到可以说明是爆炸的水声波，也可排除爆炸的可能。其他当地地质特有的特征也有助于确定一个事件是地震还是爆炸。CTBTO 筹委会表示，分布在全球的 IMS 台站探测到了 2006 年朝鲜的核试验，并且 IMS 能够将该次试验定位在远小于 1 000 平方公里的范围以内。作为另一个指标，地震记录显示了那次爆炸和一次之前地震之间的明显差异。据地震学家保罗·理查兹和金元英称，

> 10 月 9 日（2006 年朝鲜核试验）的地震图有三个重要特征。首先，它显示了压缩波的脉冲初动……这是爆炸的特征；其次，作为地震典型特征的剪切波，地壳中剪切波的波峰非常微弱……；最后，短周期的“瑞利波”明显可见。众所周知这类波只会由深度不超过 3 或 4 公里的震源激发，这比典型的地震要浅得多。

批评人士指出，逃避策略和地震监测的弱点为秘密试验开辟了前景。通过地震波的震级可以计算出核爆炸的当量。但除了核装置的当量外还有诸多因素会影响地震信号的强度。NAS 的报告指出，“（区域）地震波取决于地壳和最上层地幔的局部特性，这在不同区域之间可能存在很大差异。”例如，在软岩中引爆的装置，其当量可以是在硬岩中填实（完全耦合）引爆的装置的十倍或更多，然而，这两个装置产生的地震信号可以表明相同的表面当量，因为软岩传递地震能量的效率比硬岩低得多。逃避者从非保密文献中了解到这一点，就会在选择试验场地时考虑这种差异。尽管 CTBT 的支持者指出

区域地震信号可以帮助探测低当量的核引爆，但反对者则回应称俄罗斯和中国均不允许把 IMS 台站设置在距其核试验场（分别位于新地岛和罗布泊）数百公里的范围内。最近的 IMS 台站距离新地岛为 1 112 公里，距离罗布泊为 783 公里。相比之下，距离内华达试验场（NTS）最近的三个 IMS 台站分别有 249、380 和 417 公里的距离。

美国国务院指出，

> 毫无疑问，如果我们在罗布泊和新地岛周围设置近距离地震仪，我们将可以更好地进行监测。若允许 IMS 在罗布泊周围安装三个地震仪，其距离类似于 NTS 周围的地震仪，那么不仅可以更容易地探测到较小的事件，还可以更容易地识别较小事件的性质并确定更好的位置和震源时间。

伊朗在距离德黑兰附近的 IMS 台站数百英里的地方有许多盐丘。批评者认为，伊朗可以很容易地通过用水溶解盐来创建解耦空腔。伊朗在石油钻探方面具有丰富经验，而石油经常在盐矿附近被发现。因此，有人认为，伊朗拥有很好的装备能力去挖掘解耦空腔。此外，伊朗大部分地区属于地震活跃带，这使得伊朗更容易在地震期间进行核试验以掩盖爆炸信号。另一些人则回应说，在地震中隐藏核试验需要一直保持准备好进行试验的状态，可能需要数年的时间，以等待“正确的”地震到来，并且仍然有可能区分地震信号与爆炸信号。

其他技术也可以减少地下核试验的地震信号。美国国防威胁降低局高级系统概念办公室的高级科学顾问、核效应试验计划的前主管唐·林格提供了以下信息：

> 一种减少地震信号的技术是“地质预处理”。在硬岩中进行的核试验，会使其周边达几百米远围岩发生破裂或微破裂，使围岩破碎进而改变冲击波的传播和衰减特性。因此，在以前进行过核试验的硬岩地质区域进行的地下

试验，实际上是在破碎的岩石中进行的，这些破碎的岩石比未受干扰的岩石能够吸收更多能量，从而减弱了地震信号。这一衰减现象是在使用 100 吨化学炸药的实验中观察到的，这些实验由美国国防部/国防核局（现国防威胁降低局）1993 年至 2002 年间在哈萨克斯坦苏联核试验场关闭期间的一系列试验中进行。此外，俄罗斯在新地岛的试验场主要由类似的硬岩构成，有类似的预处理过的硬岩区域，这些区域由以前的试验产生，能够用来抑制秘密试验的地震信号。这是一种经过证实的技术，试验界对此有着清晰的认识。

另一种减少地震信号的技术是“辐射谱调谐”，即减少核装置与地面的辐射耦合。核装置沉积到周围地质环境的能量对其辐射输出谱的具体特性非常敏感，并且强烈影响爆炸与地面的耦合方式，导致地面冲击和地震特征发生巨大变化。辐射谱与当量完全不同。对于一个给定的试验空腔，能量集中在千电子伏特范围内的 10 千吨级核武器产生的地震信号显著低于电磁能量集中在数千万电子伏特范围内的10 千吨级核武器。核爆炸被设计成具有不同的能谱。例如，美国的犁头和平用途核爆炸计划及与之类似的苏联计划，开发了不同于典型核武器能谱的核爆炸装置，其能量集中在电磁谱的某一部分。

CTBT 的支持者回应说，地质预处理技术可能对俄罗斯或中国有用，因为它们拥有核试验爆炸留下的“库存”空腔，并且对印度和巴基斯坦也可能有用，它们可能也有几个小型空腔，但对其他国家没有用。反对者对此观点持否定态度，因为他们认为俄罗斯或相关国家进行秘密试验构成了最大的威胁。而支持者则回应称，地质预处理的解耦能力会因围岩的具体情况和其破裂程度而有很大不同，而这将极难确定。至于辐射谱调谐，支持者提出，如果为减少地震信号而对试验装置进行必要的修改，这是否会干扰试验的目的和结果，以至于大大降低了试验的价值。

地震监测还引发其他争论。批评人士称，探测低当量试验的能力使得必须作为可能的核试验而被分析的地震事件的数量增加了许多倍。而支持者则回应称，地震探测和数据分析能力的提高排除了大部分这样的地震事件是爆炸的可能，而且低当量试验没有什么军事意义。批评者回应说，低当量爆炸具有军事意义，正如下面讨论的那样，并且 IDC 更容易在成千上万次的低震级地震中错过一次低当量爆炸，而不是错过一次高当量爆炸。支持者反驳说，2006 年 10 月的朝鲜核试验尽管当量不到一千吨，但仍被清楚地探测到；批评者则反击称，那次试验并未采取任何逃避行动。

放射性气体的探测

核爆炸会产生各种各样的放射性原子或放射性核素，其中一些是气体。特别令人关注的是惰性气体的放射性同位素，如氩-37、氪-85、氙-131 和氙-133。这些气体的本底水平极低。由于惰性气体具有化学惰性，它们不会与地下核爆炸周围的岩石和土壤结合在一起。因此，它们会沿着它们的路径运移到地表并散布到大气中，在数千英里之外的地方也可能被探测到。例如，IMS 所使用的自动化放射性氙采样/分析仪，能浓缩和测量微量的放射性氙同位素。一旦探测系统积累起了放射性惰性气体本底水平的数据档案，任何高于该水平的数据尖峰都可以表明有核反应堆或核爆炸发生了释放。在监测峰值出现前几天的全球大气条件的计算机模型则可以进行反演，从而提供释放源的大致位置。

在 CTBT 生效之际，IMS 将在全球范围内拥有 80 个放射性核素监测台站；所有这些台站都将监测放射性粒子，而且在条约生效后，其中 40 个台站还将具备监测放射性惰性气体的能力。

16 个实验室也会分析来自这些台站的样品。CTBTO 筹备委员会表示："在这些（空气）样品中，不同放射性核素的相对丰度可以区分核反应堆和核爆炸产生的物质……惰性气体的存在可以表明是否发生了地下爆炸。"

争论观点。该条约的支持者声称，2006 年朝鲜核试验显示了惰性气体监测的价值和 IMS 的能力。位于加拿大西北地区黄刀的一座 IMS 放射性核素系统在朝鲜那次核试验两周后采集了样品，经分析，显示出微量的氙-133。通过将这一量值与其存档数据进行比较，分析人员能够确定这一水平有所上升。通过检查前两周的风向，以及来自黄刀东南几千公里处的一座加拿大核研究基地乔克河实验室的释放数据，分析人员能够得出结论，监测到的氙-133“与从朝鲜事件所在的位置和时间所释放的源相吻合”。

反对者认为有多种方法可以逃避放射性惰性气体的探测。他们认识到，如果不采取措施进行封堵，惰性气体将到达地表，但他们相信封堵措施是可以奏效的。他们提到了唐纳德·巴尔的一份声明，他是一位退休的洛斯阿拉莫斯国家实验室放射化学家，拥有超过 50 年的核试验和相关经验，巴尔指出：“通过深埋核装置并结合气体阻隔技术，几乎可以消除惰性气体向地表的渗漏，尽管有时仍可能探测到一些这样的气体，但那只是在爆炸点上方的地表。”此外，将核试验装置埋得比典型的密封埋深更深，也会延迟这些气体到达地表的时间，从而为放射性衰变提供更多时间，减少最终到达地表的放射性惰性气体的量。某些地质形态，如盐丘，会更容易封堵空腔，阻止这些气体的逃逸。

CTBT 的支持者指出，实验数据支持他们的说法，即在地下核爆炸后很难封堵惰性气体，因为它们会通过断层或裂缝上升到地表，尤其是在气压低的时期。反对者指出，这个实验使用的是六氟化硫和氦-3 这样的替代气体，而不是氩和氙。此外，报告还指出，氩-37 向氯-37 的衰变“将限制有可能进行地表探测的采样‘窗口’”，并且“选择恰当的时机进行挑战性视察，以捕捉到天气锋面的到来，这对于优化探测的可能性是必要的”。知道这一点的逃避者可能会试图延迟视察，直到这样的天气锋面应当到达的时间之后。

放射性粒子的探测

地下核爆炸可能会排放放射性粒子（降落尘）到大气中，这些粒子可能会在大气中传播数千英里，具体取决于风、雨、粒子大小及其他因素。几十年来，放射性降落尘分析提供了清晰的核试验迹象。例如，美国通过收集和分析这些粒子，于 1949 年得知了苏联的第一次核试验（一次大气层试验），又在 1953 年对苏联第一枚热核装置的设计有了更多了解。放射性降落尘粒子易于探测，是美国、苏联和英国能够在 1963 年谈判 LTBT 的一个主要原因，而世界各地对放射性降落尘的抗议则是该条约的主要推动力。

争论观点。CTBT 的支持者声称，要封闭核试验产生的放射性碎片是困难的，许多技术都是通过不断地试错来成熟的。地质特征如断层，可以为碎片提供排放的通道。某些类型的土壤或岩石在封堵效果上比其他类型的更好。爆炸将地下水转化为蒸汽，产生巨大压力。因此，试验埋深必须足够。同时需采取精细的方法来防止碎片和气体通过试验竖井逃逸。尽管对开始于 1950 年代的封闭式地下试验有着丰富的经验，但直到 1970 年许多美国地下试验都释放了放射性物质。因此，CTBT 的支持者认为，对于俄罗斯或相关国家，他们难以对自己能够封堵秘密试验抱有高度信心，对首次进行核试验的国家更是如此。

CTBT 的反对者回应称，俄罗斯和中国对他们进行封闭式核试验的能力有高度的信心，因为他们拥有核试验的经验。反对者以美国为例。1970 年的“Baneberry”试验释放了大量的放射性烟云，此后美国采取了进一步措施来封堵地下试验，直到 1992 年在“Baneberry”试验之后在内华达试验场进行的 386 次试验中，仅有 2 次试验产生了意外的放射性释放并在试验场外被探测到。即使没有核试验经验的国家，也可以从公开文献中学到很多关于封闭式核试验的知识，可以通过把试验装置埋得更深、选择试验场地时考察地质特征，以及设定一个大的封堵误差范围等方式使得封堵更有可能成功。

该条约的支持者则通过苏联在俄罗斯唯一的核试验场——北冰洋的新地岛进行核试验的数据来证明封堵的困难性。他们选择了从 1971 年开始的时期以便与美国的后“Baneberry”试验进行比较，从 1971 年到 1990 年，苏联在该场地进行了 30 次地下试验，其中 2 次的数据不清楚。在其他 28 次试验中，有 10 次将放射性气体排放到了场外、另外 7 次仅在现场排放了这些气体，有 1 次将放射性气体和碎片同时排放到了场外，而仅有 10 次被成功封堵。反对该条约的人士则反驳说，那些试验的封堵情况已经有了显著改善。在这 28 次试验中，从 1971 年到 1978 年 8 月期间进行了 16 次，其中有 10 次排放到了场外、1 次排放在现场、5 次受到了封堵；但从 1978 年 9 月到 1990 年，有 6 次仅排放在现场、仅有 1 次排放到了场外（包括气体和粒子）、5 次受到了封堵。

干涉合成孔径雷达（InSAR）

这项技术开发于 20 世纪 90 年代初，用于研究地震周围的地面形变。在这种技术中，卫星搭载的雷达向大约 100 公里宽的一大片地面发射微波雷达波束，并逐像素点地记录下卫星与地面上每个点之间的实际距离。如果稍后从太空中几乎相同的点观测地面同一地形的另一幅雷达图像，便可以通过数字技术将一幅图像与另一幅图像相减，任何差异都会以色带形式展现来揭示地面运动情况。根据技术文献，InSAR 能够探测到小于 1 厘米的地面形变，并可以透过多种类型的云层观测图像。因为它不使用可见光，所以在黑夜或白天都可以观测图像。这项技术还被用于探测油气储层引起的地面形变，以及测量伦敦一座水库周边的挡土墙的稳定性。

尽管 IMS 不使用卫星监测技术，但 CTBT（第四条 A 部分第 5 段）允许使用国家技术手段。加州州立理工大学退休物理学教授大卫·哈费迈斯特表示："InSAR 现已成为一种广泛采用的技术，所有 CTBT 缔约国都可以以合理的价格从商业供应商处获得。"假设试验上方的岩石或地面未塌陷至试验留下的空腔内而形成明显可见的弹坑，那么地下核试验形成的地面凹陷可能有 1 至 2 公里宽、几厘米深。

争论观点。CTBT 的支持者认为 InSAR 是对其他监测技术的补充。它可以监测大面积的地面沉降。它能够将可疑地点定位到 100 米以内，即便是小于 1 千吨当量的试验（这也取决于埋深和地质等其他因素），从而帮助指导 OSI 的实施。它能够根据 InSAR 揭示的地面形变的变化特征来区分地震和爆炸；地震会产生一个或多或少的线性形变模式，这是由断层的两侧相互滑动造成的，而爆炸则会产生近似圆形的凹陷。它可以帮助找到解耦空腔的建设地点，因为空腔上方的地面可能会出现轻微下沉。鉴于 InSAR 数据的广泛可用性，基于这些数据的 OSI 请求对 CTBTO 执行理事会将更有说服力。

批评者回应称，InSAR 需要同一块地面的前后影像作对比才能检测到轻微的沉降。如果只有"事后"影像可用，该技术被认为只适用于当量为 2 万吨左右的核试验，而地震技术可轻松定位这个当量水平的核试验，使 InSAR 显得多余。美国国务院指出其他限制：

> NASA、劳伦斯利弗莫尔国家实验室、加拿大航天局和欧洲航天局均拥有 InSAR 系统，应该拥有覆盖世界大部分地区的数据库，至少覆盖到中纬度地区。然而，在一些地形崎岖的地区，地形阴影可能导致大片地区覆盖不到。此外，为了进行准确的比较，还需要拥有相当近期的"之前"图像。如果地形因风、雨或其他自然因素发生了显著变化（试验引起的变化除外），那么"之前"的图像将无法用于构建 InSAR 图像。此外，由于沉降可能要在试验之后一段时间才会发生，也许是几年后，这一事实使情况更加复杂。因此，虽然确实存在数据库，但没有具体的任务分配，这些数据库是不大可能成为足够好的数据库的。

此外，“特别值得注意的是，在朝鲜试验后，通过 InSAR 技术并未观测到任何下沉迹象。”由于这些和其他原因，“InSAR 在辅助探测核爆炸方面的潜力有限，在许多试验场景中不能被视为一种有用的技术。”

批评人士断言，地面沉降可能发生得太晚而无法对 OSI 有所帮助。他们还认为，在内华达试验场进行的一些非常低当量的试验（这是逃避者最有可能尝试的那种试验）没有形成凹陷，而且深埋和特定的地质条件（例如深入花岗岩山体内部）可能阻止了地面下沉。支持者则回应说，如果 InSAR 有助于防止逃避性试验，那么它是有价值的，而且它可以降低秘密试验的价值并增加秘密试验的难度，因为它可以迫使潜在的逃避者挖得更深、使用更小的核装置以避免被 InSAR 探测到。

探测间接证据

进行核试验需要大量准备工作。进行试验的国家必须勘测场地以确定场地的地质条件是否适宜，随后携带钻探和诊断设备前往现场，进行竖井钻探工作，设置带有众多电缆的诊断设备，安放试验装置，封堵竖井，等等。尽管 IMS 不能探测试验前的活动，但国家核查技术手段能够探测。

CTBT 支持者认为，卫星摄影和通信拦截可以探测到这些活动，而该条约的第四条（D）允许使用国家技术数据，以及 IMS 数据作为请求现场视察的依据。CTBT 反对者承认卫星可能会发现秘密试验的准备活动，但他们认为有些活动可能看起来显得正常，比如在矿区进行采矿作业，而其他活动可能被隐藏起来，而地面通信线路可以防止通讯接入，等等。

现场视察（OSI）：程序方面

该条约及其议定书规定了现场视察（OSIs）的机制，在此机制下，国际视察员将前往疑似核爆炸的地点，寻找这种爆炸的确凿证据。例如，如果视察组能够钻探到核爆炸形成的空腔，那么视察组将有确凿证据证明发生了一次试验，而且放射化学分析（如检测不同同位素的比例）可以提供核爆炸发生的大致时间。该条约及其议定书广泛而详细地阐述了现场视察的各个方面，规定了执行理事会授权开始和继续进行视察的程序，规定了视察的时间表、视察组成员的数量，以及他们可以使用和不可以使用的设备。这些程序体现了一种妥协，是那些想要迅速进行高度入侵性视察的一方和担心这种视察会泄露军事秘密的一方之间的妥协。

争论观点。1999 年参议院关于 OSI 的辩论主要涉及到确保执行理事会批准 OSI 请求的便利性。根据条约第二条的规定，一旦某一缔约国请求进行 OSI，执行理事会的 51 个成员中必须有 30 个成员批准才能下令进行视察。

吉恩·柯克帕特里克大使对执行理事会是否具备与条约相关的技术决定能力提出了质疑。执行理事会的每个成员都有一票。由于该理事会是以地理代表性为基础组成的，它的很多成员国将很少或没有核方面的经验。此外，"将会有一个技术支持小组……由同一个执行理事会选出……这是由绝大多数他们自己对核问题没有任何经验或能力的人所选出的，更不用说核武器了。"她还指出，"联合国机构是高度政治化的机构。"

参议员理查德·谢尔比说，要想获得推进 OSI 所需的 30 票绝对多数是很困难的，而参议员约瑟夫·拜登则对可能的理事会投票情况进行了分析，并得出结论称："在我看来，获得 30 票非常容易，不是因为 30 个国家爱我们，而是因为这符合他们赤裸裸的自身利益。"

另一个争议话题是条约及其议定书中规定的 OSI 程序可能如何影响视察的成功。

反对者声称，这些规定中有许多内容会损害视察的技术有效性。下面列出了一些此类规定，以及国务院在 2007 年发表的一些评论：

（1）议定书规定，视察组成员不得超过 40 人，除非进行钻探，并且视察时间不得超过 130 天。国务院评论道，"是否有可接受的、具备技术资格和训练有素的视察员和视察助理作为一个有凝聚力的团队进行视察，是影响 OSI 时间表是否足够的一个因素。”

（2）该条约要求视察组在执行理事会批准 OSI 后的 25 天内提交一份进展报告；除非执行理事会中的多数成员投票决定不继续视察，否则视察将会继续进行。但根据国务院的评论，“不能保证执行理事会会认为‘进展’（未作明确定义）足以证明 OSI 进入视察继续阶段的合理性。”

（3）该议定书允许使用规定的视察技术，但没有规定可以采用新的技术。随着新技术的出现，这一遗漏可能变得更加重要。

（4）该议定书允许进行一次最多持续 12 小时的飞越活动，并且只能使用望远镜、被动定位设备、摄像机和手持照相机，除非被视察国同意进行更多的飞越活动并使用其他设备。国务院评论到，“进行试验的缔约国很可能采用一切可用手段来逃避初期的探测，并在批准 OSI 后，最大限度地限制使用可能导致被发现的技术和方法。”

（5）被视察国“有权就视察组的任何准入做出最终决定……”，显然是指被视察区域内被视察国认为敏感的区域。为了保护这些区域，被视察国可以遮盖敏感设备，并将放射性核素测量和取样限制在与视察相关的范围内。

（6）如果“视察组向被视察缔约国可信地证明，准入楼房和其他建筑物是完成视察授权任务所必须的”，视察组可以获得对敏感设施的准入。反对者则怀疑被视察国是否会同意任何此类证明是可信的。

条约的支持者认识到，视察条款体现了一种妥协，是找出秘密试验证据的能力与被视察国保护敏感设施和防范间谍活动的能力之间的妥协。支持者认为，这些条款保护了美国和其他国家。他们指出，议定书的许多条款为视察提供了便利。

（1）视察员可以视察面积为 1 000 平方公里的区域；支持者认为，考虑到监测技术限定被视察区域的能力，这已经足够大了。

（2）视察员应当“根据其专业知识和经验”选出；支持者指出，没有采用其他可能的选择标准，比如代表国家的区域分组。

（3）议定书允许使用多种技术，包括目视观察、摄像和拍照、多光谱成像、放射性测量、环境采样、对余震进行被动地震监测。

（4）除非执行理事会以多数票不同意继续视察的请求，它还可以使用主动地震勘测和磁场与重力场测绘。

（5）如果执行理事会批准，视察人员可以钻探取样。

（6）在一定的限制条件下，视察组有权采集、移出和分析样品。支持者指出，核爆炸会产生多种形式的证据，且样品分析技术高度敏感。

（7）虽然执行理事会可以在 25 天后终止视察，但条约的支持者认为这种结果不太可能发生，因为执行理事会的51个成员中有30个必须批准视察，并且他们认为获得绝对多数批准所需的证据必然是令人信服的。

OSIs：技术方面

虽然 1999 年的辩论考虑了 OSI 的程序方面，但很少提及其技术层面。然而，这个问题已经被提出了半个世纪。例如，在 1960 年的证词中，一名证人指出了对 OSI 有价值的线索。核爆炸可能产生与地震非常不同的地表现象。如果该地区没有人类活动的迹象，就可以排除爆炸。核试验的特征有几十种，如植被紊乱、放射性、融化的雪、灌木丛中的鹅卵石，以及道路和围栏的移位。核试验最确凿的证据是在核爆炸留下的放射性区域钻探获得的放射性碎片。然而，他计算得出，1 700 吨当量爆炸的放射性区域的半径约为 60 英尺，要想在半径为 500 英尺的区域内百分之百地找到这个放射性区域就必须要钻探 63 个孔。

争论观点。多年来，支持 OSI 的技术能力得到了改善。卫星图像可以揭示人类活动。地震学家已经开发出从地震数据中提取更多信息的技术，帮助区分地震和爆炸，并更精确地定位爆炸的震中。惰性气体的放射性同位素可能在试验现场被发现，即使它们的浓度很低以至于在远处无法探测到。InSAR 技术可以大大缩小搜索区域。

然而，OSI 可能难以找到秘密试验的最确凿证据，因为需要钻探到地下爆炸形成的空腔内并获取放射性碎片。一次万吨当量的地下试验会产生一个直径约 60 米的空腔；根据地质条件和埋深，当量较低的地下试验会产生较小的空腔。试验可能会在地表形成弹坑，也可能不会。这样的弹坑是当空腔坍塌时，其上方的覆盖层坍塌形成空洞，如此直至地表而形成的。通过更深的埋藏和对试验区域地质的仔细研究将减少形成弹坑的风险或在地表出现一些试验迹象的风险。OSI 可能会遇到实际的问题。根据基于一项实验的预测，对于当量为 1 千吨的核爆炸，氙-133 和氩-37“将分别在爆炸后大约 50 天和 80 天可被探测到”。到那个时候，OSI 可能已经完成了。此外，利弗莫尔实验室还提出了探测氩-37 的另一个问题。

> 还有另一个可取代钻探的“确凿证据”，那就是氩-37。它是一种惰性气体同位素，通过中子轰击钙元素产生。氩-37 是在地下爆炸中产生的，具有相对较长的半衰期，是地下试验的独特标志（即本底低到不存在）。唯一的问题是，它很难探测和测量，因为必须将样品屏蔽起来与周围环境高度隔离（即将样品放入铅室内进行测量）。OSI 圈子讨论的程序是从疑似地点的地表裂缝中采集大量空气样品，从空气中分离惰性气体，并去除氡，最后测量氩-37。这在野外是难以做到的。

CTBT 支持者声称，通过提供秘密核试验的证据，OSI 将起到威慑作用。理由是，如果某国担心自己会被抓住，那么它就不太可能进行核试验。此外，支持者认为，威慑效果将被放大，因为逃避者不知道美国和国际的监测能力能够探测到各种试验特征的阈值，因此他们必须通过更大的埋深、更强的封堵、更低的当量等手段来弥补。此外，有人认为，很少或没有试验经验的逃避者会对自己预测当量或封堵核爆炸的能力缺乏信心，迫使他们采取更保守的措施来逃避探测。有人认为，这些措施可能会使核试验变得如此困难、昂贵和冒险，以至于不值得。

CTBT 的批评人士回应称，对逃避手段的认真关注会使现场视察失效，并将阻止其他国家提出视察请求。如果某国不能确定自己能否通过现场视察定位试验，或者甚至不能确定是否有试验已经进行，那么它将不愿冒着自己信誉的风险来提出视察请求。此外，这种观点认为，虽然美国的监测系统 USAEDS 可能能够监测到 IMS 无法监测到的微弱迹象，但美国可能不愿意使用这一证据来提出现场视察请求，以避免暴露自己的能力。因此，逃避者不需要担心 USAEDS 的最大能力。与此同时，潜在的逃避者可以了解 IMS 的能力，因为 CTBT 的缔约国可以接收 IMS 的数据。例如，它可以进行大型采矿爆炸，观察其在 IMS 中的反应。因此，条约的反对者坚持认为，OSI 的前景只会迫使逃避者密切关注逃避技术，这是它无论如何都会做的事情。因此，CTBT 对 OSI 的规定反而会让逃避者可以利用没有人提出 OSI 请求或进行了不成功的 OSI，作为其并非逃避的证据。

CTBT 的批评者对于在不保密的基础上讨论监测、核查和逃避等技术问题的有效性提出了质疑。前国防核机构主管罗伯特·门罗说：

“在非机密文件中无法有效地讨论核查问题。核查是一个双方对峙的游戏。一方面，世界上许多致力于改进核查工作的人员都在非机密环境下工作，而且军控界还在大肆宣扬传感器位置、灵敏度、网络等方面的每一项进展。另一方面，我们的对手或潜在对手希望发展或改进他们的核武器却又坚持否认他们在试验，他们正以最高优先级努力改进他们的逃避技术。他们在绝对保密的环境中工作，采取一切预防措施以免被发现。美国唯一能够对抗他们的组织是情报部门，而情报部门收集的每一点关于逃避手段改进的信息都是高度机密的。因此，一项非机密的研究会获得大量关于核查改进的信息，而几乎没有关于逃避手段改进的信息。这可能会导致粗心的人得出我们现在能够核查 CTBT 的结论。而我自己的印象，基于几十年与核武器的密切接触，恰恰相反。

我相信逃避者面临的问题更容易解决，他们现在处于一个未被发现试验的舒适区，并且他们期望他们的优势在未来得到改善。”

正如参议员威廉·富布赖特曾经说过的那样，“信息被列为机密这一事实并不意味着它一定是真实的。”同样，该条约支持者指出，信息是非机密的事实并不意味着它无效。支持者们认为，监测能力的进步，其中许多是非机密的，可能会揭示秘密的试验或其准备工作。公开及时地获得可用的非机密信息，例如来自世界各地成千上万个地震仪的信息，将增加可能发现试验证据的人数。虽然技术监测无法提供人工智能可以提供的关于动机、计划和预算的信息，但人工智能可能会因为虚假信息、误解、依赖不可靠的来源和不完整的信息而产生误导。有人认为，基于缺乏证据的结论可能是危险的。据称，前国防部长唐纳德·拉姆斯菲尔德曾说过，“缺乏证据并不是证据缺乏的证据。”然而，缺乏证据不能被解释为证据。显然，参议院将在未来关于该条约的辩论中考虑机密信息，但机密的逃避技术细节必须与机密的监测能力相平衡，而这两者只是综合评估的众多要素中的两个。

其他逃避场景

几十年来，核试验条约的支持者一直认为监测能力好得足以进行有效的核查，而批评者则提出了一些场景来作部分回应，他们坚持认为这些场景将使得核查工作无效。本报告在前文已经讨论了解耦的场景，现在转向另外两种场景。

找不到归属的试验

一种场景设想是进行一次或多次试验，这些试验可以被探测到但无法确定其归属或来源。前国防部负责原子能事务的部长助理罗伯特·巴克尔假设了一个场景：

> 即在可辨明的某国船只离开现场很久之后，在遥远的海洋区域进行了核试验。试验国会期望IMS监测到这次试验并公布其当量，并且由于参与了监测，试验国将能够获得任何收集到的碎片，以进行自己的性能分析。如果试验国避免使用在试验中其碎片可以被唯一追溯到试验国的材料，那么将不可能把这次试验归因到一个国家。事实上，一个聪明的作弊者会将不同国家特有的材料放置在距离炸弹很近的地方，这样碎片就可能看起来像是以色列的、印度的，甚至是美国的。

美国国家科学院的研究表明：

> 对于水下或大气层试验来说，归属问题可能更加困难，因为拥有核炸药的国家可以在船上或飞机上引爆它，对周围媒介的影响将更加短暂。虽然此类试验很可能会被探测到并定位，但很难将其归咎于该负责的国家……要自信地逃避核爆归属问题，开展试验的国家需要相信美国与其他国家一起工作，也没有能力追踪试验地点附近的船只和飞机，并且不会拦截与试验相关的通信。

对于这种场景的争论可以是长篇大论。退休的洛斯阿拉莫斯国家实验室的放射化学家唐纳德·巴尔表示：

> 要掩饰（诓骗）核爆炸的特征几乎是不可能的。这是因为裂变产物和锕系放射性核素的范围很广，几乎是瞬间产生，然后根据众所周知的放射性衰变定律随时间演化。任何试图篡改这些分布的其中一种或两种的行为将导致放射化学数据集的不一致。通过将放射化学数据与美国试验的广泛数据库，以及不断改进的核爆炸模型计算进行比较，这种很可能是试图欺骗的行为本质就会凸显出来。

批评者指出，归属溯源取决于将放射性材料样品与此类材料的存档样品进行匹配。如果样品与存档中的任何样品不匹配，这种方法就无法提供归属的依据。支持者则反驳称，探测到核试验的碎片将会引发美国、其他国家和 CTBTO 立即全力以赴地对试验进行归属追溯。潜在试验者的名单将相当小，使任务变得容易，而碎片可以揭示有关武器设计的信息，提供有关试验国家的进一步线索。支持者认为，一个国家可能需要进行一系列试验才能对弹头设计有信心，从而增加了归属判定的可能性；反对者回答说，一次成功的试验可能足以确认简单的内爆设计，而一次不成功的试验则可能不会被探测到。

逃避多个传感器

尽管许多迹象可能表明进行了核试验，但通过在地下深处的采矿综合体中挖掘的一个大空腔中进行核试验，有可能掩盖所有迹象。大型的空腔可以实现解耦。在地下深处挖掘空腔，尤其是在岩石中，可以防止地表出现可被标准或 InSAR 卫星摄影探测到的凹陷。深埋可能会困住惰性气体和粒子而不致逸出；公开文献中有很多关于如何封闭地下爆炸的信息。使用矿井可以为人类活动提供掩护的借口，并且可以隐藏大部分活动。挖掘过程中移除的材料可以被放置在未使用的隧道中，这是卫星看不到的。作为条约所有签署国的一项权利，获取 IMS 数据将帮助潜在的逃避者改进逃避技术并收集某些类型逃避试验的数据。

CTBT 支持者认为逃避核查是困难的。正如美国“Baneberry”试验所显示的那样，尽管对于一个没有核试验经验的国家来说，进行封闭式试验更加困难，但封闭措施仍然可能因为试验场地质的未知方面而失败。卫星摄影可以表明可疑的人类活动。逃避者不会知道美国监测系统的能力。有人认为，监测技术的进步和不断增长的本底噪声档案降低了逃避者可能有信心逃避成功的门槛。一个几乎没有核试验经验的逃避者不会对核武器的当量有精确的估计，这会迫使他们降低试验的当量和价值。人力情报可能表明进行了一次试验。支持者断言，该条约将使逃避性试验更加困难。

美国国务卿奥尔布赖特认为，无论有没有条约，美国都不能绝对肯定能够探测到极低当量的核试验，但“通过提高我们的监测能力，我们在条约下更有可能探测到此类试验，从而阻止它们。”

秘密试验会带来军事优势吗？

在 1999 年的 CTBT 辩论中出现的一个关切是，秘密试验可能增加对美国的威胁。正如参议员约翰·沃纳所说：

> 我还担心该条约的零当量试验禁令无法核查。要探测低于某一水平的试验，即使不是不可能，那也是困难的。如果一个国家决心隐瞒其不遵守条约的行为，那么在某些水平以下我们根本不能探测到。我们没有相应的设备。
>
> 以低于探测水平的当量进行试验，可能会让某些国家，如俄罗斯，发展出一种新级别核武器。

一些人当时认为，即使是在低当量水平下进行的未被发现的核试验也会带来军事优势。六位前国防部长说：“要核查一项延伸到极低当量试验的禁令是不可能的……当量低于 1 千吨的试验既能不被发现，又能在军事上对试验国有用。”桑迪亚国家实验室主管保罗·罗宾逊说：“我认为亚千吨当量范围的核试验对于某些类型的核设计可能是有用的。”JASON 国防咨询小组 1995 年的一份报告指出了 500 吨当量级别试验的价值：“对于美国的核库存来说，在 500 吨当量限制下进行试验将允许研究助推气体点火和初始燃烧，这是实现完全初级设计当量的关键一步。”劳伦斯利弗莫尔国家实验室的时任主管布鲁斯·塔特在1997年表示，“如果允许进行额外的试验，那么500吨将是用于验证评估武器性能和计算工具具有价值的最低核试验当量。对于帮助验证武器安全性评估模型的目的来说，几磅当量的核试验是有价值的。”

CTBT反对者认为，低当量核武器现在对新的或现有的核大国来说比几十年前具有更大的价值，甚至在NAS报告中将其作为有效解耦上限的1千吨至2千吨当量以内。凯瑟琳·贝利和罗伯特·巴克尔写道：“对于任何核扩散者来说，1千吨至2千吨当量的核武器在军事和政治上都具有重大意义；在今天的商业制导技术下，1千吨至2千吨当量的核武器可以被精确地投放到一个主要城市或主要军事设施，从而将造成巨大破坏。如今，核扩散国家并不需要高当量的热核武器来威胁其邻国。”约翰·福斯特写道：

> 装置当量为数吨至数百吨的低当量地下试验能够提供高度的信心，即这种装置能够扩大到战略当量。目前，我们几乎没有信心能够高可信度地探测到这样的低当量试验，如果这些试验使用了逃避技术。这种试验如果是由潜在对手而非美国进行的，可能会对我们的整体安全态势产生不利影响。例如，美国为一些盟国，如韩国、日本和土耳其，提供了核保护伞，以阻止敌对国家的攻击，并减少他们自行发展核能力的需求。然而，最近一些俄罗斯消息来源称俄罗斯已经研制了并正在部署低当量“清洁”（即减少裂变以减少残余辐射）核武器，包括一些“清洁”穿地武器。俄罗斯的清洁武器开发借鉴了过去苏联为和平用途开发和展示清洁核装置的经验，类似于美国20世纪60—70年代的“犁头”计划。中国也可能正在开发新的低当量武器。相比之下，美国目前的核武器可以追溯到冷战时期，主要是高当量、高裂变、脏的武器。如果俄罗斯与美国的一个盟友之间发生危机，俄罗斯的低当量战术核武器库存以及与美国武器的不对称，可能会让人质疑美国核保护伞的可信度。即使

没有明确的威胁，这种不对称也会迫使美国的盟友发展自己的核武器，从而导致核扩散。

该条约的支持者们不认为低当量核武器会对战略平衡造成很大影响，因为美国拥有许多各种当量的核武器。他们指出了一篇报道采访时任美国战略司令部指挥官的美国海军陆战队詹姆斯·卡特赖特将军的文章：

> 卡特赖特说，从理论上讲，如果出现对美国的“严重”威胁，而这种威胁只能通过低当量核武器来威慑，那么这位将军可能会被说服支持其发展。然而，到目前为止，“我还没有看到任何接近这种情况的迹象。”卡特赖特说。“我的首要任务不是降低当量，”卡特赖特在2005年4月对记者说，“而是将精度提高到常规武器可以替代核武器的程度。那是我的首要任务。”

反对者认为，各种逃避场景可能与武器发展计划相关联，每一步都为下一步提供数据和经验。极低当量试验可以提供有关核物理、核试验、试验封堵、仪器和数据检索的数据；这些数据可以用于开发和验证武器设计的计算机模型。解耦试验可以为非助推裂变武器或者可能的助推裂变武器的设计提供数据。在遥远的海洋区域进行一次或几次大气层试验可能足以开发出更高当量的武器，同时可避免被追溯。此外，NAS 报告指出，如果一个国家获得了一种武器的设计，一次全当量试验将验证蓝图的合理性和是否成功复制了对象，但这次试验的当量可能太高而无法隐藏。

支持者认为，在 CTBT 下，各国不可能发展热核武器，并且认为极低当量的试验对武器发展没有什么价值。据理查德·加文称，流体核试验“不会提供什么有用的知识”，而 0.1 千吨当量的试验“对核武器的发展几乎没有价值”。根据 NAS 报告，最高一到两千吨当量的试验在某些情况下是可隐藏的，并且可以用于改进非助推裂变武器，或者在困难的情况下用于 1 千吨到 2 千吨级当量武器的验证试验。高达 2 万吨当量的试验不太可能被隐藏，它们可以用于验证试验 2 万吨当量裂变武器，或者用于“某些初级和低当量热核武器的最终开发和全面测试”。超过 2 万吨当量的试验是无法隐藏的，它们可以用于开发和试验助推裂变武器和热核武器。因此，试验的价值和被抓住的风险都被认为随着当量的增加而增加。同时，普遍认为，一个国家可以在不进行试验的情况下开发出简单的枪炮式或内爆式武器，其当量可能为 1 万吨到 2 万吨，从而避免了逃避的需要。

NAS 报告指出，拥有更多试验经验的国家可以通过秘密试验在武器计划中取得更多进展，但是“这些国家已经试验过的各核武器类型对美国利益构成巨大威胁。他们通过可能合理隐藏的非常有限的核试验所能达到的成就并不会对此产生重大影响。”CTBT 支持者认为，自从美国 1992 年开始暂停核试验以来，美国一直认为俄罗斯或中国可以通过秘密试验获得优势。至少在核武器计划方面，俄罗斯显然采取了与美国不同的方法，因此，这两个计划严格意义上没有可比性。例如，NAS 报告指出，“俄罗斯核武器以十年为周期进行再制造”，这与美国目前将现有弹头的服役寿命延长多年的政策形成鲜明对比。尽管如此，CTBT 支持者认为，美国通过 SSP 显著提高了其核能力。在他们看来，不妨问问美国三个核武器实验室的现任主管，他们是否愿意站在俄罗斯或中国的核武器计划的立场上，甚至包括以极低当量进行试验的可能性，或者美国企业使用 SSP 提供、但没有进行试验的科学工具。NAS 报告总结了秘密试验的价值如下：

> 在现有监测能力所施加的相当大的限制范围内，严格遵守 CTBT 制度的好处在有秘密核试验的情况下几乎不会丧失。在没有 CTBT 的制度下，最坏的情况是先进的核武器掌握在更多的对手手中，这对美国的安全利益构成的威胁要比一个国家在 CTBT 机制下在监测系统限制的范围内进行秘密试验这样的最坏情况大得多。

如果一个国家被发现违约，会面临什么风险？

任何批准了 CTBT 然后又企图违约的国家，必须评估秘密试验所带来的风险与收益。在 1999 年的辩论中，人们的注意力集中在成功违约的可行性及此类试验可能会或可能不会带来的军事收益上，但几乎没有注意到被发现的风险。尽管如此，这个问题还是值得考虑的，因为它的答案可能对于想要逃避核查的人至关重要。这里概述了可能的替代情况，进一步的研究是有用的。可以说，不会有什么后果。从这个角度来看，根据 CTBT 第五条，CTBT 缔约国大会“可以建议缔约国采取符合国际法的集体措施”。此外，“缔约国大会或执行理事会（在紧急情况下）可以提请联合国注意该问题，包括相关信息和结论。”联合国可能不采取行动，或可能会延迟采取行动。特别是，如果秘密试验的证据不确凿，可能很少或没有惩罚。另一种可能性是，联合国担心不受惩罚的违约行为可能不仅导致 CTBT 的瓦解，还会破坏美国进一步核裁军的意愿，从而可能实施有意义的制裁。还有一种可能性是，某些国家可能会在联合国框架之外采取行动。

希望进行一次或多次核试验的国家可以直接退出该条约而不是试图进行秘密试验。这样做的理由是，它可能想要进行一次当量无法隐藏的试验；它可能认为，即使是低当量试验也可能被探测到，特别是如果它在核试验和试验封堵方面很少或没有经验；它可能想要向世界宣布它的核能力。但是秘密试验也有优势：公开的武器发展计划可能会刺激竞争对手发起自己的计划，因此，想要开发核武器的国家可能更愿意保持其意图不为人知；退出条约的国家将无法获取 IMS 数据，而 IMS 数据可能会帮助它逃避探测；退出条约进行核试验的国家可能面临与进行秘密试验并被抓住违约的国家相同的惩罚；而一个国家可能更愿意尽可能长时间地在国际社会保持良好形象，以延迟任何制裁。

CTBT、核不扩散和核裁军

政府内外的专家普遍认为，核扩散是美国面临的最大安全威胁之一，尤其是如果核扩散导致恐怖分子获得核武器的情况下。

核不扩散机制是几十年来遏制核扩散的一种努力。该机制包括一系列条约、协定、无核武器区、对核相关设备出口的限制、对核材料的控制，以及以不扩散核武器条约为核心的国家法律。NPT 于 1970 年生效。它代表了一种交易，即核武器国家可以拥有核武器，无核武器国家同意不获得核武器，并且在第六条中，双方同意“就早日停止核军备竞赛和核裁军的有效措施，以及就一项在严格有效国际监督下的全面彻底裁军条约进行真诚谈判。”

许多人认为这一机制处于危险之中。朝鲜在 2006 年进行了一次核试验。伊朗正着手实施一项核计划，许多人担心这是或将成为一项核武器计划。许多国家预计将开始核能计划，这将使得裂变材料和核专业知识更广泛地可获得。人们担心巴基斯坦和其他地方的核武器是否安全，以及是否会出现另一个像阿卜杜勒·卡迪尔·汗那样的核扩散网络，或者是否还存在另一个尚未被发现的核扩散网络。另一个担忧是拥有核武器的恐怖分子的威胁。有人担心会出现一连串的核扩散。例如，如果伊朗发展核武器，这可能会给埃及和沙特阿拉伯带来压力，使其效仿，朝鲜持续的核武器计划可能会导致日本和韩国效仿。

争议在于如何保护这一机制并阻止核扩散。CTBT 支持者的一个主要观点是该条约将促进核不扩散。一些 CTBT 的支持者认为该条约本身可以作为减缓核扩散的手段，而其他支持者则将该条约视为向核裁军迈出的一步。反对者认为该条约将削弱威慑力，并且核不扩散和裁军没有联系。一些反对者要立即恢复核试验，以恢复对现有武器的信心，研制新武器，并培训武器设计人员，而其他反对者只会在更有限的情况下恢复试验，比如现有弹头出现问题，只能通过试验来修复现有弹头时。洛斯阿拉莫斯研究小组的执行主管格雷格·梅洛提出了以下观点：

> 美国批准 CTBT 的核不扩散价值取决于美国的其他政策，有些政策与该条约有关，有些政策与该条约无关。如果那些其他政策是建立在 CTBT 作为一项裁军条约并得到执行的基础上，正如该条约文本所宣称的那样，它可能具有重要的核不扩散价值。另外，如果 CTBT 的目标是“禁止爆炸，但不禁止核弹”，并且美国是在此基础上批准并实施该条约的，那么它可能没有任何核不扩散价值。在这种情况下，它将被广泛而正确地视为促进一种基于核双重标准的世界秩序。例如，在批准 CTBT 的同时，美国进行长期投资以维持和改进更精简的核武库，那么这将使该条约在世界大多数人眼中成为一个笑柄。
>
> 仅仅拥有 CTBT 还不足以作为一个真正改善美国外交关系的目标。摆脱核攻击威胁，即摆脱核威慑，将是这样的一个目标，而 CTBT 则是实现这一目标的手段之一。相反，如果出现这样一种情况，即一个由拥有核武器的富裕国家领导的世界，通过军事威胁或经济制裁来强制执行未来的 CTBT 制度，这将导致广泛的苦难，那么这种情况与我们今天在批准和生效之前所存在的情况并没有太大不同。

另一种可能的立场是，无论如何，CTBT 都不会产生太大的影响。这种观点认为，核扩散的程度取决于美国批准 CTBT 后的扩散程度；尽管美国没有批准该条约，但该国在核不扩散方面取得了进展；核武器实验室支持了

12 次年度评估，认为尽管缺乏核试验，核武器仍然安全可靠；而且无论俄罗斯或中国是否秘密进行了核试验，战略平衡都对该国有利。因此，无论是那些以不进行核试验就会导致威慑崩溃为由反对该条约的人，还是那些以美国不批准该条约将加速核扩散为由支持该条约的人，他们最担心的事情都没有实现。这一立场几乎没有得到任何支持。

条约对核不扩散的技术贡献

CTBT 支持者认为，该条约将对核不扩散作出具体的技术贡献。IBM 荣誉会士理查德·加文作证说：

> “不进行核爆试验也有可能制造简单的核武器。但是我们始终有一个疑问：它们的性能如何或者说有多好。广岛和长崎的原子弹每个重约 9 000 磅，当量为 15 千吨到 20 千吨……这些必须与 12 年后的 1957 年进行试验的两级热核弹相比较，它重约 400 磅，当量为 74 千吨。其直径仅为 12 英寸，长度约 42 英寸。这就是你可以通过试验做到的。这是其他人在未经试验的情况下无法做到的。”

美国前参谋长联席会议主席约翰·沙利卡什维利将军（美军退役人士）在 2001 年关于 CTBT 的报告中指出了该条约所施加的这种限制的重要性：

> 禁止核爆炸还将对已经拥有核武器能力的国家施加技术限制。印度或巴基斯坦签署 CTBT 不会关闭它们的核选择，但这将排除他们一定的核武发展，并有助于防止南亚地区出现破坏稳定的核军备竞赛。

该条约的支持者认为，该条约将在其他方面降低核扩散的风险。他们表示，IMS 在靠近美国国家系统的地区放置地震台站，它补充了美国的监测系统，而 OSI 只有在条约生效后才可能进行，它们都将有助于探测和阻止核试验。

“核保护伞”、新武器和防扩散

CTBT 反对者认为，强大而稳固的核力量对于防扩散至关重要。在这种观点中，美国的“核保护伞”，即美国愿意使用核武器来保卫朋友和盟友免受攻击，通过让他们放心使他们不需要自己的核武器，有助于防止核扩散。反对者强调了许多国家对核保护伞的重视。一份报告发现：“美国已向 31 个国家提供了安全保证，包括北约的 26 个国家与澳大利亚、日本、韩国和以色列”虽然北大西洋公约没有提及核武器，但美国在冷战期间在西欧保留了许多核武器。1999 年的一份北约文件指出：“盟国安全的最高保证是由联盟的战略核力量提供的，特别是美国的核力量……”关于日本，在 2006 年朝鲜核试验后不久，国务卿康多莉扎·赖斯与日本外务大臣麻生太郎会晤后说：“我重申了总统 10 月 9 日的声明，即美国有意愿和能力全面履行对日本的威慑和安全承诺，我强调是全面。”麻生外相说：“我们也没有必要用核武器来武装自己。为了日本自身的防御，我们有这个与美国的共同防御条约……赖斯国务卿再次确认了这一承诺。”关于 1954 年生效的美韩共同防御条约，国防部长拉姆斯菲尔德说：“美国重申对大韩民国的坚定承诺，包括继续由美国核保护伞所提供的延伸威慑，这与核防御条约一致。”

CTBT 反对者坚持认为，核保护伞必须保持可信度，这需要持续的努力。正如罗伯特·巴克所言：“我们的核威慑的可信度只有在我们自己相信它会起作用的情况下才能得以维持……尤其是在我们这种开放的社会中，如果我们对武器的实际性能失去信心，我们就无法长期维持威慑的可信度。”为了保持可信度，反对者认为，美国的核威慑必须应对不断变化的情况。威胁随着时间的推移而变化，美国核力量也必须作出改变，以继续将对手高度重视的资产置于危险之中。但是，反对者担心，在当前条件下核威慑无法保持可信。正如前文所述，约翰·福斯特对 SSP 提出了担忧。而前国防核机构主管罗伯特·门罗说：

“在过去 16 年，我们已经让核武器计划的各个方面都恶化了。我们还没有将我们的核战略从对苏联的大规模报复转变为针对当今分散威胁的外科手术式需求。我们为冷战设计的高当量、脏的核武器库存已经老化，并且日益变得无关紧要。国家的核基础设施已经严重恶化。我们的先进核技术研发工作实际上是不存在的。我们没有设计新的核武器，没有试验武器，也没有生产新的武器。我们的国防部实际上已经‘去核化’了……总之，在我们的核保护伞下的国家可能担心我们是否有能力和意愿来保护他们。”

从这个观点来看，既然核不扩散机制面临的主要风险来自对美国核威慑力的缺乏信心，那么恢复这种信心的唯一途径就是进行核试验。试验将帮助开发新武器、培训核设计师和其他人员、并操练核武器综合体，所有这些都将使核保护伞更加可信并减少核扩散的风险。据罗伯特·门罗称：

“我们的武器库仍然由老化的冷战时期的“大规模报复”武器组成，精度适中，当量很高，辐射产出‘肮脏’。如今这些武器对于威慑我们日益扩散的对手来说，几乎无关紧要。这些国家将他们的核武器设施深埋地下，经常把它们安置在故意暴露的平民附近。任何美国核武器，如果没有高的精度、极低的当量、减少的附带损害和减少的残留辐射，使用起来就不可信，我们的威慑尝试也将失败。为了成为有效的威慑力量，这些新武器还需要量身定制的输出能力（穿地、中和化学生物制剂等）。所有这些新能力都需要进行核试验。”

CTBT 支持者反对将重点放在新武器上，认为这会给核不扩散带来重大问题。前参议员萨姆·农作证说：

“关于 RRW（可靠替代弹头）本身，如果国会在我们当前的世界环境下给这个计划开了绿灯——我强调的是在我们当前的世界环境下——我相信这会被我们的盟友误解，被我们的对手利用，使我们防止核武器扩散和使用的工作变得复杂……，并且使解决伊朗和朝鲜的挑战变得更加困难。”

虽然前国防部长哈罗德·布朗不支持当前形式的CTBT，但他写道：

本届政府中的一些人推动部署新的低当量核武器和新的穿透“地堡炸弹”的核设计，这是不明智的。它们将为有意拥有核武器的国家提供更多借口，并疏远那些寻求合作却没有提供重大甚至可能是负面安全收益的国家。对对手挥舞美国的核大棒可能会鼓励核扩散。

CTBT和NPT的“大交易”

尽管一些CTBT支持者支持该条约，因为它本身限制了核武器国家的核武器计划，但其他支持者则从更广泛的角度看待该条约对防扩散的贡献。他们声称，根据NPT第六条，美国同意了一个“大交易”，即核武器国家将走向核裁军，而非核武器国家将放弃核武器并支持核不扩散措施。他们认为，一个没有核武器的世界是防止核扩散的最佳防御措施，在这个方向取得进展是获得世界支持实现这一目标所必需的。因此，他们认为核裁军是不扩散的必要步骤。

然而，条约反对者认为，核不扩散与裁军之间没有逻辑联系。他们认为，支持者通过声称NPT第六条建立了这种联系，正试图塑造条约使其说出一些它并没有说的意思。据前美国助理国务卿斯蒂芬·雷德梅克尔表示：“从这个措辞（第六条）中不可能看出美国和其他四个核武器国家放弃核武器的法律义务。实际的法律要求是‘真诚地就有关……核裁军……的有效措施进行谈判’”此外，NPT“没有假设核裁军必须是全面彻底裁军的先决条件。相反，该条约的一个导言段落阐明了各方的期望，即实际‘从国家核武库中消除核武器’将不是在达成一项全面彻底裁军条约之前，而是‘按照条约’进行。”

支持者回应称，NPT 第六条只是整个问题的一部分，而 CTBT 是迈向防扩散和裁军的必要第一步。他们指出，美国和其他核武器国家在 1995 年和 2000 年都承诺了遵守 CTBT。

（1）NPT 规定每五年举行一次审议会议。第十条规定，1995 年举行的 25 年会议将“决定条约是否应无限期继续有效，或者是否应再延长一段或多段额外的固定期限。这个决定应由本条约缔约国的过半数作出。”1995 年的会议通过一系列的决定决定无限期延长该条约，由于争议很大，这项决定是未经表决通过的。该系列决定包括核不扩散与裁军的原则与目标，强调了“不晚于 1996 年之前谈判完成一项普遍的并可进行有效国际核查的 CTBT”的重要性。

（2）在 2000 年 NPT 审议大会上，核武器国家在一项联合声明中表示，“应该不遗余力地确保 CTBT 成为一项普遍的并可进行有效国际核查的条约，并确保其早日生效。”会议以协商一致的方式通过的最终文件包括 13 个实施第六条规定的步骤；第一步是“毫不拖延、无条件地按照宪法程序签署和批准 CTBT 的重要性和紧迫性，以实现 CTBT 早日生效。”

支持者认为这些承诺在确保 NPT 无限期延长和 2000 年审议大会取得成功方面起到了作用。他们得出结论，这个国家应该履行其承诺。支持者指出，国际社会压倒性地支持 CTBT。截至 2008 年 3 月，178 个国家已签署该条约，其中 144 个国家已批准该条约。2007 年 12 月 5 日，联合国大会以 176 票赞成、1 票反对（美国）和 4 票弃权的结果，通过了 A/RES/62/59 决议，强调了实现 CTBT 早日生效的重要性。

此外，国际社会普遍将该条约与核不扩散和裁军联系在一起。例如，在 2007 年条约生效大会上，日本代表表示：“日本支持 CTBT，它加强了建立在 NPT 基础上的国际核不扩散机制的基础，是实现无核世界的切实可行的具体措施。”

尼日利亚代表说：“我们相信，包括五个核武器国家在内的国家普遍加入该条约，将有助于核裁军和核不扩散进程，从而有助于增强国际和平与安全。”会议的最终宣言声明：“我们重申，停止一切核武器试验爆炸和其他一切核爆炸……是核裁军和核不扩散所有方面的一项有效措施。”

前参谋长联席会议主席约翰·沙利卡什维利将军认为，CTBT与核不扩散紧密相关：

> 不批准CTBT也使美国加强国际原子能机构保障措施的努力复杂化，而NPT的非核武器缔约国必须对其民用核计划实施国际原子能机构的这些保障措施。许多国家不愿接受新的义务，而美国也不愿批准禁止核试验条约……一旦我们批准世界其他国家视为核不扩散关键的禁止核试验条约，我们将能更好地争取在出口管制、经济制裁和其他针对具体问题的协调应对方面进行合作。

前国务卿乔治·舒尔茨、前国防部长威廉·佩里、前国务卿亨利·基辛格和前参议员山姆·农认为有必要将裁军目标与实现这一目标的具体步骤联系起来：

> 重申无核武器世界的愿景和实现这一目标的实际措施，将是，也将被视为符合美国道德传统的一项大胆举措……如果没有大胆的愿景，这些行动将不会被认为是公平的或紧迫的。如果没有行动，愿景将不会被认为是现实的或可能的。

他们建议的八个步骤之一是“与参议院启动一个两党合作进程，包括增加信任和提供定期审查的谅解，以实现CTBT的批准，利用最近的技术进步，并努力确保其他关键国家批准该条约。”

同样，一些CTBT支持者认为，美国不履行条约中关于裁军的条款将不可避免地削弱其他国家在防扩散方面的合作意愿。前英国外交和联邦事务大臣玛格丽特·贝克特说：

> “如果其他国家（即使不公平地）认为，大交易的条件已经改变，核武器国家已经放弃了裁军承诺，那么我们在防扩散方面的努力将受到危险的破坏。
>
> 因此，在裁军方面做得更多的重点不是为了说服伊朗或朝鲜。我一点也不相信我们进一步削减少核武器会对他们的核野心产生实质影响。更确切地说，进行更多裁军的意义在于：因为温和的大多数国家是我们在防扩散方面的天然和重要的盟友，他们希望我们做得更多。如果我们不这样做，我们就有可能帮助伊朗和朝鲜把水搅浑，把他们自己在核问题上不妥协的责任推给我们。他们可以诋毁我们为支持 NPT 而采取强有力国际行动的论据，抹黑我们做得太少、太晚而无法履行我们自己的义务。”

CTBT 的反对者对这种表面上的国际支持不屑一顾。根据国务院联邦咨询委员会国际安全咨询委员会于 2007 年进行的一项研究：

> NPT 太重要而不能留给 NPT 的“专业人士”。这些“专业人士”，也许更恰当的说法是“团体”，是一群政府代表、非政府组织和反战、反核活动人士的协会。他们的议程往往远远超出其高级政府领导人的观点，并且完全脱离世界现实和 NPT 的初衷。人们普遍认为，2000 年审议的成功是克林顿政府直接与具有国际影响力的政府领导人进行外交努力的结果。

CTBT 反对者表示，许多国家并不需要自己的核武器，因为他们依赖于美国的核保护伞。他们认为支持者误读了核武器与核不扩散之间的关系，因为非核武器国家是 NPT 的主要受益者。正如罗伯特·门罗所言：“这种（核武器国家和非核武器国家之间的）不平等的真正赢家是非核武器国家。他们不再害怕拥有核武器的邻国，也不必承担维持核武库的巨额开支，这对他们来说绝对是好事。”正如国际安全咨询委员会指出：

> 在外交渠道中有明确的证据表明，美国对核保护伞的保证一直是，并将继续是许多盟友放弃核武器的唯一最重要原因……ISAB 确信，美国核保护伞的减少可能会在东亚和中东地区引发核扩散的连锁反应。

反对者则认为，美国的核力量对核不扩散做出了巨大贡献，因此反对 CTBT 对防扩散至关重要的说法。他们指出，美国已经采取了许多措施来应对核扩散问题，其中许多是自 1999 年以来采取的。这些措施包括防扩散安全倡议，即一个旨在阻止大规模杀伤性武器运输的多国伙伴关系；联合国安全理事会第 1540 号决议，要求所有国家“通过并实施适当有效的法律，禁止任何非国家行为者”获取大规模杀伤性武器；继续努力确保俄罗斯的核武器和苏联加盟共和国以及其他地方的裂变材料的安全；打击核恐怖主义全球倡议；与朝鲜进行六方会谈，以压制其核项目；成功消除利比亚的核武器项目；破获阿卜杜勒·卡迪尔·汗的核走私团伙。因此，反对者认为，参议院对 CTBT 的否决并没有妨碍美国的防扩散努力。

CTBT 与核裁军

CTBT 反对者还指出，美国在裁军方面已经采取了许多步骤。美国国务院表示，“美国过去 20 年的行动已经建立了遵守第六条方面令人羡慕的记录。”这些成就包括自 1988 年以来拆除了超过 13 000 件核武器，淘汰了 350 架重型轰炸机和 28 艘弹道导弹潜艇，将约 60 吨裂变材料不可逆转地转化为民用反应堆燃料，向苏联提供合作性的威胁减少援助，促使了 1 000 枚苏联/俄罗斯弹道导弹和 27 艘弹道导弹潜艇的消除，并继续暂停核试验。一位美国官员说，“人们不禁想知道这样的进步怎么会被忽视。”CTBT 反对者得出结论，这些努力可以在美国不批准 CTBT 的情况下继续推进，因为它们符合几乎每个国家的利益。

除了这些具体的步骤，反对者认为废除核武器的概念是不现实的。世界上有成千上万的这些武器，它们是无法被“消除”的。前国防部长哈罗德·布朗和前中央情报局局长约翰·德奇特写道：

> 消除所有核武器的目标，甚至是理想的目标，都是适得其反的。它不会推动核不扩散取得实质性进展；并且它有可能危及核武器通过威慑继续为美国安全和国际稳定作出贡献的价值……目前，没有实现无核武器世界的现实道路。

CTBT 反对者认为该条约无法执行。他们认为“国际社会”说得多做得少，并指出波斯尼亚、卢旺达和达尔富尔等例子，以及对伊朗的核活动实施有意义的制裁的困难性。他们不愿依靠联合国来执行 CTBT。此外，作为基准，裁军需要一些手段来了解中国和俄罗斯在某个时间点拥有多少核弹头。由于没有获取这些数据的技术手段，有人认为，即使他们销毁了大量核弹头，美国也不会知道他们的剩余库存量。

支持者认为，这种对缺乏可执行性的担忧是不合适的。他们认为，规范和制裁是有效的。南非、阿根廷和巴西放弃了核武器计划；乌克兰、哈萨克斯坦和白俄罗斯在成为独立国家后放弃了在本国领土上的核武器；朝鲜似乎正处在放弃其核武器计划的进程中。支持者认为，核裁军是一个非常长期的目标，而不是很快就可以实现的目标。例如，批准了 CTBT 的英国计划继续其潜艇核威慑力量。正如英国首相托尼·布莱尔解释的那样，“放弃自战争以来一直是我们安全支柱之一的东西的风险……我觉得这不是我们能够负责任承担得了的风险。我们独立的核威慑力量是最终的保险。”尽管如此，他们认为重要的是将裁军设定为一个目标并为此采取步骤，特别是 CTBT。

此外，支持者们认为，美国恢复核试验将给核不扩散机制带来灾难性影响，引发核扩散连锁反应。在这种情况下，俄罗斯会觉得有必要进行核试验，哪怕只是为了证明它能够跟上美国的步伐。随着试验选项的开放，伊朗可能会进行核试验和弹道导弹试验；对以色列的潜在威胁可能会导致该国扩大其所谓的核武器计划并进行核试验。沙特阿拉伯和埃及可能会觉得有必要开展核项目，无论是为了威慑伊朗还是以色列。在这种环境下，朝鲜可能会再次进行核试验，从而导致日本和韩国开始核武器计划。印度和巴基斯坦可能会进行核试验。核战争的风险将呈指数级增长，许多国家将受到来自多个方向的威胁，而没有一个新的核大国会有像美国和俄罗斯那样严格的指挥与控制体系。在这种情况下，核武器、裂变材料和专业知识掌握在如此多的人手中，核恐怖主义的风险将急剧上升。

支持者对核保护伞和核试验之间的联系提出质疑。他们指出，日本、韩国、欧盟的所有成员国以及除美国以外的所有北约成员国都已批准了CTBT。有人认为，他们的批准行为令人质疑，如果对美国核力量的可靠性产生一些怀疑，他们是否会退出该条约来发展自己的核武器。相反，支持者声称，核不扩散和 CTBT 是紧密相连的。一份卡内基国际防扩散会议的文件指出：

> 几乎每位发言人都强调，CTBT 是核不扩散核心协议能否持续的最显著指标。CTBT 表明各国是否愿意履行他们减少核武器作用的承诺。它的实施将阻止国际社会对核不扩散机制信心的急剧下降。美国批准该条约将迫使其他尚未批准该条约的国家，包括中国、印度、埃及、以色列和伊朗，向世界其他国家澄清其核政策。

暂停试验和生效

反对者回应称，美国暂停核试验是遵守 NPT 第六条的一个例子，尤其是因为这一暂停自 1992 年以来一直有效，因此应该被视为支持防扩散。他们更倾向于暂停核试验而不是条约，他们认为，如果核武器出现只能通过试验来修复的问题，退出暂停核试验比退出条约在政治上更困难。

支持者回应说，暂停核试验是不够的。由瑞典政府资助的独立组织WMD（大规模杀伤性武器）委员会，旨在寻求减少大规模杀伤性武器危险的建议，它在2006年的一份报告中指出：

> 委员会认为，美国决定批准CTBT将强烈影响其他国家产生效仿。它将决定性地提高条约生效的机会，并将比其他任何单一措施对军控和裁军产生更积极的影响。尽管多年来没有进行核武器试验，但让该条约处于悬而未决的状态对整个国际社会是一种风险。美国应重新考虑其立场，并着手批准该条约。只有CTBT才可能为终止核试验作出永久性和具有法律约束力的承诺。

同样，2007年促进CTBT生效大会的最后宣言指出，“继续和持续自愿遵守暂停核试验是最重要的，但它没有与条约生效相同的效果。条约的生效将为国际社会作出一个永久性且具有法律约束力的承诺，以终止核武器试验爆炸或任何其他核爆炸。”支持者指出，该条约的生效将使条约的现场视察条款生效，因为视察只能根据条约进行，而不是根据暂停核试验进行。他们认为，CTBT将在核能和核武器计划之间设置一道明显的障碍，一些国家不愿跨越这道障碍，而这道障碍会降低人们对于核武器计划的信心，可能会阻止一些国家开展这样的计划。

反对者指出，即使美国批准了CTBT，它仍然不会生效，因此，他们认为争取参议院的建议和同意是徒劳无益的，尤其是考虑到参议院在1999年以48票赞成、51票反对和1票出席的投票结果拒绝了该条约，远远不足以达到2/3的多数。在44个“附件2”国家中，即根据该条约的附件2必须批准该条约才能使其生效的国家中，有6个已签署但尚未批准该条约（中国、埃及、伊朗、以色列、印度尼西亚和美国），还有3个国家（印度、朝鲜和巴基斯坦）尚未签署该条约。尽管哥伦比亚和印度尼西亚可能会被诱使批准该条约，但反对者质疑其他国家是否会这样做。

大卫·哈费迈斯特是加州州立理工大学的荣休物理学教授，他看到了一条条约生效的路径。

> 一般认为，这个过程是从美国开始的。如果美国批准了条约，一般认为中国会跟进。在中国和美国共同行动的情况下，一般认为朝鲜会批准条约。印度尼西亚作为一个重要的 CTBT 参与国，可能会批准条约。下一步将是最困难的，因为它需要中东的大交易，首先要获得以色列的批准，然后是埃及和伊朗。随着中国承诺禁止核试验，印度可能会跟随中国。巴基斯坦已经声明，如果印度批准了，它也会批准。

反对者回应说，这种情况取决于许多假设，其中任何一个假设失败都可能阻止条约生效。中国会批准该条约吗？有什么依据可以认为朝鲜会批准？为什么印度会仅因为中国同意就同意该条约呢？印度的主要对手是巴基斯坦，考虑到巴基斯坦的不稳定前景，印度可能不愿放弃通过试验改进其核武器的选项。印度表态不愿阻止条约生效，这可能意味着巴基斯坦必须在印度之前批准该条约，而这似乎是不太可能的。埃及、伊朗和以色列之间在中东问题上的谈判将很难达成，特别是如果像自 1970 年以来的情况那样，以色列不愿以一个非核武器国家的身份批准 NPT。考虑到许多其他还未解决的中东问题，批准 CTBT 在这 3 个国家的议程上似乎排在较低的位置。

即使不是所有 44 个附件 2 国家都不批准该条约，支持者也看到了美国批约的价值。这将给美国施加压力，促使其他国家加入该条约。卡尔·莱文参议员说，“如果我们不愿意批准 CTBT，我们有什么资格敦促印度、巴基斯坦或任何国家停止核试验？”一些支持者认为，美国批准该条约将象征着美国转向多边主义，这将有助于确保与美国的国际合作。联合国裁军事务办公室的兰迪·里德尔说，“我相信 CTBT 确实具有巨大的象征意义，无论它在独自‘阻止’扩散或‘防止’现有核武库改进方面的能力有多大。它代表着裁军方面的法治、对约束性承诺的需求、多边主义、核查和透明度。”即使有几个附件 2 国家不批准该条约，国际社会仍然可以向非 CTBT 成员国施压要求他们不要进行核试验，如果他们进行了核试验，国际社会也可以实施制裁。根据理查德·加温的说法，“美国批准该条约将使美国和国际社会对进行核试验的国家采取行动合法化并动员各方的支持，无论这些国家是否为该条约的缔约国；实际上，这种支持的前景可能会阻止一些国家进行核试验。”在没有所有 44 个附件 2 国家的情况下，也许有可能找到一种方式使条约生效，但在条约的支持者看来，没有美国是不可能的。

1982 年，里根总统提出了美国可以推进 CTBT 谈判的一系列条件。

> 美国的政策继续支持将全面禁止核试验作为一项长期目标。这一目标要在广泛、深入和可核查的军备裁减、扩大信任建立措施、提高核查能力的背景下实现，使人们有理由相信苏联遵守了全面禁止核试验；并在核威慑不再像目前那样是国际安全与稳定的重要元素的时候实现。

CTBT 支持者声称这些条件已经得到满足，所以现在是美国批准该条约的时候了。如果现在不批准，他们问，那么何时才会批准呢？

条约的反对者持不同观点。虽然导弹发射井、轰炸机和潜艇的削减已经得到核证，但莫斯科条约（削减战略进攻性武器条约）并没有提供核查机制，核弹头数量的削减也没有得到核证。尽管自 1982 年以来的许多计划已经建立了与俄罗斯的信任，正如苏联的消失一样，俄罗斯在继续使其核力量现代化，而且对中国、伊朗和其他国家的担忧仍然存在。反对者认为，由于监测能力的限制以及从苏联试验中获得的大量有关试验和逃避的数据，俄罗斯有足够的机会进行秘密试验，从而获得军事优势。尽管现在俄罗斯的进攻威慑可能不如 1982 年时苏联的进攻威慑那么突出，但反对者指出了许多潜在的威胁，如核保护伞对威慑和核不扩散的重要性，以及自苏联解体以来出现的国际不稳定的新来源，如流氓国家、核走私团伙和核恐怖主义的前景。他们认为，这些发展不但没有建立信任，反而减少了信任。在这种环境下，他们认为美国必须维持一个强大的核威慑力量，以应对实际或预期的威胁。他们得出结论，这种威慑力量是防止核扩散的最佳保证，而要维持这种威慑力量就需要进行核试验。

结论：替代方案、整体方案和全面评估

一些人建议修改 CTBT 以获得美国参议院的接受。一种可能性是签订一个允许在 10 年后无需理由就可退出的条约，但除了美国以外，没有其他国家在条约谈判中支持这一立场。另一种可能性是允许进行极低当量试验的禁试条约，但核武器国家除了零之外无法找到让所有国家都能同意的低当量阈值，而非核武器国家则坚持零当量的立场。第三种可能性是在批准零当量、无限期的 CTBT 之前进行一些试验。事实上，1993 财年《能源和水利开发拨款法》（Hatfield-Exon-Mitchell 修正案，第 102 号至第 377 号公共法案第 507 节）规定，从 1993 年 7 月到 1996 年 9 月在特定条件下进行一些试验，但这些试验最终未进行。对于美国来说，这种方式将完成条约的批评者所赞同的许多事情。试验将：

（1）指出 LEPs 是否已充分维护了现有核武器，如果没有，将验证修复；

（2）表明 RRW 设计是否有效；

（3）提供实验数据，以验证计算机模型和从非核实验中获取的数据；

（4）为新一代武器设计者及其他人提供核试验经验；

（5）从 SSP 取得的进步中受益，它将指导试验以收集关键数据，并从自 1992 年最后一次试验以来在更广泛的经济领域取得的技术进步中受益。

除此之外，美国进行核试验可能会导致俄罗斯和中国进行核试验，使他们能够维持和改进他们的武器并开发新武器，从而破坏美国的安全，并可能

导致其他国家也进行核试验，形成核扩散的连锁反应。非核武器国家可能会勉强接受美国在 1993 年至 1996 年期间进行的一些核试验；事实上，中国和法国在此期间进行了几次核试验，尽管伴随着国际抗议。然而，目前对这种方式持批评态度的人认为，由于美国暂停核试验已经有 15 年以上的时间，并且该条约已经得到 140 多个国家的批准，美国恢复核试验——即使是有限的次数和持续时间，并作为确保美国批准该条约的一种方式——很可能导致 CTBT 的瓦解。在未来关于该条约的任何辩论中，参议院可能希望审查这三种替代方案是否值得考虑。

即使这些替代方案被拒绝，还可以考虑其他不违反该条约的方案。CTBT 的支持者可能会在克林顿总统 1995 年提出的保障措施之外提出新的保障措施，但 45 年的保障措施历史表明，它们几乎肯定是未来批准 CTBT 的任何决议的一部分，因此可能对该条约的影响不大。作为另一种替代方案，CTBT 的支持者可能会提出一个 RRW-CTBT 的一揽子方案，以获得参议院对批准的建议和同意。然而，RRW 似乎并不足以让参议院同意。一些 CTBT 的反对者认为，不进行核试验，美国不可能对 RRW 有信心，而且 RRW 只有很少的政治支持，国会取消了 2008 财年给 RRW 的资金就证明了这一点。

因此，如果该条约再次提交给参议院审议，它可能必须根据其本身的优点来被审议。在所有军控条约中，每个缔约国都会放弃一些东西，因为他们期望这样做的风险会被它可以放弃的东西（例如昂贵的武器或项目）、其他缔约国放弃的东西以及它所避免的威胁所带来的好处相抵消。这就需要进行全面评估，而不是孤立地根据一个标准来接受或拒绝一项条约。在这个评估中需要考虑许多标准：

（1）美国能否在不进行核试验的情况下，长期保持其核武器的安全性和可靠性，以及核武器事业的健康发展？而且，什么是“足够好”呢？

（2）新的核武器是威慑所必需的，还是现有的核武器加上常规力量就足够了？新武器需要进行试验吗？

（3）当前监测与逃避之间的平衡是怎样的？考虑到监测技术将继续改进，而逃避能力可能会提高，但其方式通常是秘密的且很可能是未知的，那么随着时间的推移，监测与逃避之间的平衡可能会如何变化？

（4）考虑到众多且不断改进的监测技术以及可能导致逃避行动失败的困难，逃避者对于自己成功的能力有多大的信心？基于众多设定的场景，以及公开文献中通过 IMS 向条约缔约国提供的关于监测能力的大量信息，监测人员对其探测和确定秘密的或无法归因的试验的能力有多大信心？

（5）俄罗斯和相关国家有多大可能作弊，并从中获得战略优势呢？

（6）其他国家有多大可能作弊，这将如何影响威慑、地区稳定和核扩散？

（7）国际社会是否会对进行秘密试验的 CTBT 成员国采取严厉的措施？对于进行核试验的非 CTBT 缔约国，无论其进行的是秘密试验还是非秘密试验，国际社会是否会对其采取类似的措施？

（8）美国批准该条约会增加还是减少核扩散的可能性？CTBT 的生效会促使非核武器国家采取哪些具体步骤来以控制核扩散？这些国家只会在条约生效的情况下才会采取这些步骤吗？

（9）美国的核裁军运动，正如 CTBT 所体现的那样，是否像一些人所言，对于核不扩散至关重要？还是迄今为止美国采取的许多核裁军和防扩散步骤为进一步的防扩散努力提供了坚实的基础？

（10）在那些要求美国批准 CTBT 的人和那些敦促恢复核试验的人之间，美国暂停核试验是一种合理的长期平衡吗？

（11）如果出现需要进行核试验的问题，美国可能会退出暂停吗？在这种情况下，这个国家退出 CTBT 的可能性是否更小？

（12）如果美国批准 CTBT 并努力确保所有附件 2 国家批准 CTBT，那么 CTBT 生效的可能性有多大？如果美国和中国批准了该条约，但有几个附件 2 国家未予批准，该条约能否生效？

（13）自 1999 年以来的技术和地缘政治发展是否使得有必要重新审议

该条约？

一个人的全面评估取决于他对这些和其他标准的重视程度，以及由于错误判断而导致不良后果的程度和可能性。在过去半个世纪的禁止核试验辩论过程中，标准的增加使评估变得复杂。

虽然对每个标准的争论必然会随着时间的推移而变化，但似乎也有新的标准被添加进来，但旧的标准从未离开辩论。除此之外，对更广泛问题的看法也会影响判断：俄罗斯、伊朗和朝鲜进行恶意行动的可能性；限制或制止核扩散的条约和机制的价值；在通过军事能力或外交手段获得安全，以及二者如何联系之间取得平衡；以及美国核武器影响其他国家行为的价值。在CTBT 的案例中，就这些评估的方向而言，人们的意见并不比对个别标准的判断更为一致。

因此，国会成员、国防部长和国务部长、参谋长联席会议主席经常得出相反的评估。

附录 A：核试验、试验禁止和防扩散的历史

旨在谈判达成 CTBT 的努力始于核时代之初。1946 年，众议员路易斯·拉德洛介绍了第 146 号众议院决议，宣布国会的意见是应该取消原子弹试验，“停止制造原子弹”，并且美国官员应该寻求“由联合国达成一项明确的战后协议，永远禁止将原子弹作为战争工具”。一项学术研究分析了 1952 年的一份报告，指出，“也许是由于控制原子弹的失败而确信，一旦武器被试验了，就没有国际控制的可能性，奥本海默小组建议在试验氢弹之前与苏联就控制问题进行接触”。1954 年，印度总理贾瓦哈拉尔·尼赫鲁提出“至少就这些实际的核爆炸达成某种可被称为‘暂停协议’的协议。”。1957 年，德怀特·艾森豪威尔总统和苏联主席尼古拉·布尔加宁开始就禁止核试验进行通信，并在各种论坛上就 CTBT 进行了数年的讨论和谈判。两国经常在现场视察问题上陷入僵局，美国声称需要进行现场视察以确保苏联没有作弊，而苏联则声称这是向本国引入间谍的一种手段。

1962 年 10 月的古巴导弹危机为这些谈判增添了动力。1963 年 7 月 15 日，在这一危机之后，苏联、英国和美国在莫斯科开始了谈判。美国最初寻求达成一项 CTBT，但苏联谈判代表排除了这一可能。相反，谈判代表迅速达成了一项对大气层、太空和水下核试验的禁令。结果就是 8 月 5 日签署的有限禁止核试验条约（LTBT），肯尼迪总统于 8 月 8 日提交给参议院。尽管由于监测的困难，该条约并未限制地下试验，但序言指出，美国、英国和苏联政府正在“寻求实现永远停止所有核武器试验爆炸，决心为此目的继续谈判，并希望结束放射性物质对人类环境的污染”。

在参议院关于 LTBT 的听证会上，参谋长联席会议承认该条约的好处，但对于该条约可能导致美国在核问题上放松警惕表示担忧。因此，他们支持

该条约的条件是四项“保障措施”，即美国可以在条约范围内单方面采取的维持其核能力的措施：保障措施A，积极的地下核试验计划；保障措施B，吸引和留住科学家的技术设施和项目；保障措施C，维持迅速恢复大气层试验的能力；保障措施D，提升监测能力。

由于担心该条约的风险和利益的平衡，参议院多数党领袖迈克·曼斯菲尔德和参议院少数党领袖埃弗雷特·麦金利·德尔肯会见了肯尼迪总统讨论此事。总统于9月10日致函他们，对该条约作出“无条件和明确的保证”。这些保证包括参谋长联席会议所提出的保障措施（尽管措辞有所不同），以及有关古巴、东德和和平核爆炸的规定。这些保证有助于获得德尔肯参议员和参议院的支持。参议院于9月24日提出建议并同意批准该条约，该条约于1963年10月10日生效。

《核不扩散条约》（NPT）涉及核武器国家（NWS——中国、法国、苏联、英国和美国）与非核武器国家（NNWS）之间的谈判。1959年，联合国大会通过一项决议，要求禁止没有核武器的国家获得核武器，1961年，另一项支持这一条约的联合国大会决议获得一致通过。该条约于1968年7月签署。参议院于1969年3月提出建议并同意批准该条约。美国于1969年11月批准该条约，该条约于1970年3月生效。核心协议是，NWS将保留核武器但不会帮助NNWS获得核武器，而NNWS也不会获得核武器。NNWS担心这些条款将允许NWS无限期地拥有核武器，因此他们坚持要求在第六条中明确表明相反的意图：“条约的每一缔约国承诺真诚地就有关尽早停止核军备竞赛和核裁军的有效措施，以及就一项在严格和有效的国际控制下的全面彻底裁军条约进行谈判。”自那以后，这一条款一直是NNWS与NWS，特别是美国之间核裁军争议的核心。其他条款包括核查条约遵守情况的“保障措施”（第三条），条约所有缔约国为和平目的发展研究、生产和使用核能的不可剥夺的权利，通过为此目的交换设备、材料和信息（第四条），和平核爆炸的好处将提供给条约的所有缔约国（第五条，这条已成为一纸空文，因为数十年来没有进行这种爆炸并将被 CTBT 禁止），每五年举行一次审议条约的大会（第八条），以及在生效 25 年后举行一次大会“以决定本条约是否应继续无限期有效，或者是否应再延长额外的一个或多个固定期限”（第十条）。这些大会，尤其是 25 年的大会，为 NNWS 向 NWS 施加核裁军的压力提供了进一步的杠杆。虽然该条约没有禁止核试验，但其序言回顾了“1963 年禁止在大气层、外空和水下进行核武器试验条约的缔约国在其序言中所表达的决心，即寻求实现永远停止一切核武器试验爆炸，并为此目的继续展开谈判。”

《限制地下核武器试验条约》（TTBT）于 1974 年签署，《和平核爆炸条约》（PNET）于 1976 年签署（如下面所讨论，这些条约直到 1990 年才生效）。两者均为美国和苏联之间签署，并且均包含核查协议。TTBT 禁止当量超过 15 万吨的地下核武器试验；而 PNET 将这一限制扩大到和平核爆炸，以防止以和平目的爆炸为幌子进行武器试验。TTBT 的序言回顾了 NPT 的第六条和 LTBT 序言中所表达的决心，即“寻求实现永远停止所有核武器试验爆炸并为此目的继续进行谈判”。第一条规定，双方承诺从 1976 年 3 月 31 日开始遵守 150 千吨的门槛。

当 1963 年谈判 LTBT 时，美国在地下试验方面的经验有限。第一次封闭式地下试验是在 1957 年进行的，地下试验在多大程度上足以用于武器发展尚不清楚。因此，参谋长联席会议提出的保障措施 C 要求，“维持必要的设施和资源，以便在认为对我国国家安全至关重要的情况下，或在苏联废除该条约或其中任何条款的情况下，迅速进行大气层核试验。”经过 8 年仅在地下进行试验的经验，地下试验的价值已经变得清楚。1971 年，负责原子能事务的国防部部长助理卡尔·沃尔斯克表示：

> 自 1963 年以来的试验计划对了解弹头在发射和再入阶段的易损性方面提供相当可靠的知识，没有这些试验就无法了解这些知识；这也决定了拥有

波塞冬和民兵三号导弹系统与拥有对防御目标的效果最多只能达到前者一小部分的系统之间的区别；也决定了拥有有效的反弹道导弹的可能性与没有这种可能性之间的区别。

随着大气层试验的需求减少，福特总统于 1976 年 1 月决定将保障措施 C 重新定义为“保持在大气层中恢复进行核试验的基本能力，如果这被认为对国家安全至关重要的话。”据了解，“大气层”包括所有被禁止的环境。其他保障措施得以保留。

卡特总统追求的是 CTBT，而不是寻求参议院的建议和同意来批准 TTBT 和 PNET。根据参议院的一份报告，“1978 年中期，政府认为推动参议院同意批准 TTBT 和 PNET 可能会引起一场斗争，从而危及全面禁止核试验的前景”。相反，美国、英国和苏联展开了关于 CTBT 的谈判。到 1979 年，几乎所有问题都得到了解决或者似乎可以解决。然而，政府内部对 CTBT 的强烈反对导致美国采取的立场是，该条约应在三年后到期，除非重新谈判。此外，在 1979 年和 1980 年，SALT Ⅱ的批准辩论盖过了 CTBT 的谈判，谈判一直在低水平进行，直到卡特政府结束。

里根总统拒绝重新开启 CTBT 的谈判，并表示担心美国是否有能力监测 TTBT 和 PNET。与此同时，1986 年，众议院和参议院在他们的 1988 财年国防授权法案中包含了限制核试验的条款。众议院的版本包括一年内暂停超过 1 千吨当量的核试验，而参议院的版本则包含了一项非约束性条款，要求批准这两项条约并恢复 CTBT 的谈判。在 1986 年 10 月里根总统与戈尔巴乔夫总统举行峰会之际，一个会议委员会审议了这些条款。根据参议院外交关系委员会的报告，为了打破国防法案的僵局，让总统能够自由地与戈尔巴乔夫总书记打交道，双方达成了一项妥协。

国会接受了参议院的条款，作为交换，里根总统在 10 月 10 日给（参议员巴里）戈德华特和（众议员莱斯）阿斯平主席的信中作出了保证。总统同意如下：

为限制核试验将采取两个重要的步骤。首先，我打算在雷克雅未克向戈尔巴乔夫总书记通报，作为第 100 届国会的首要任务，如果苏联愿意在明年参议院启动批准程序之前同意必要的 TTBT/PNET 核查程序，这些程序可以以议定书或其他适当的附加条款的形式提交参议院审议，我将请求参议院就批准 TTBT 和 PNET 提出建议和同意。然而，如果苏联在第 100 届国会召开之前未能同意所需的一揽子基本程序，我仍将使批准这些条约成为国会的首要任务，并对这些条约作出适当的保留，以确保它们在能够有效核查之前不会生效。我将与参议院一起起草这一保留条款。

其次，我打算在雷克雅未克通知总书记，一旦我们对核查的关切得到满足并且这些条约得到批准，我将提议美国和苏联立即展开谈判，讨论如何在减少并最终消除所有核武器的计划的同时，逐步实施一个限制并最终终止核试验的平行计划。

1987 年 11 月开始了关于 TTBT 和 PNET 核查议定书的谈判；如前所述，这些条约分别于 1974 年和 1976 年签署。1990 年 6 月 1 日，美国和苏联签署了这些议定书，取代了最初与条约一同提交的议定书。1990 年 9 月 25 日，参议院以 98-0 的投票结果建议并同意批准这两项条约，它们于 1990 年 12 月 11 日生效。参议院的批准决议“受制于一项声明，即为了确保维持可行的威慑，应该有保障措施……”，这些保障措施是：（a）进行持续的核试验计划，（b）保持现代化实验室设施和核技术项目以吸引和留住核科学家，（c）“保持恢复条约所禁止的核试验活动的基本能力……”，（d）改进条约监测能力，以及（e）改进情报能力。批准决议还受制于第二项声明：

鉴于美国、苏联和英国在 1963 年的部分禁止核试验条约和 1968 年的核不扩散条约中作出的寻求永久停止一切核武器试验爆炸的承诺，以及在批准

> 《限制地下核武器试验条约》（TTBT）时对缔约国具有法律约束力的承诺，即“继续进行谈判，以期找到停止一切地下核武器试验问题的解决办法”，美国与苏联共同承担着特殊的责任，继续进行双边核试验谈判，以实现对核试验的进一步限制，包括实现可核查的全面禁止核试验。

1992年，随着冷战结束和苏联解体，国会将参议员马克·哈特菲尔德、詹姆斯·埃克森和乔治·米切尔提出的一项修正案附加到1993财年的《能源和水资源开发拨款法案》中，并由乔治·赫伯特·沃克·布什总统于1992年10月签署成为法律（第102号至第377号公共法案）。该修正案第507条禁止在1992年9月30日至1993年7月1日期间进行地下核试验；在1993年7月至1996年9月期间，在某些条件下，包括国会没有反对这样的试验的情况下，允许进行少于20次的试验；并在1996年9月之后停止了美国的核试验，除非另一国家在此日期后进行了核试验。该修正案要求总统在1996年9月30日或之前提交“一项实现多边全面禁止核武器试验的计划”。美国最后一次试验于1992年9月23日进行，此后未再进行任何试验。

次年，在1994财年《国防授权法案》（第103号至第160号公共法案第3138条）中，国会设立了“库存管理计划”（Stockpile Stewardship Program，SSP），以“确保美国在核武器领域的核心智力和技术能力得以保留”。SSP的要素包括增强计算能力以更好地模拟核武器爆炸、不涉及核爆炸的实验，以及新的实验设施。该法案要求总统向国会提交一份年度报告，说明“任何与美国现有核武器的安全、安保、有效性或可靠性有关的关切问题……”，以及为解决这些问题而采取或将要采取的行动。

同样在第103号至第160号公共法案中，国会修改了保障措施C，在第3137条中禁止使用任何资金“维持美国进行大气核武器试验的能力”。根据会议报告，“与会者一致认为美国不再需要保持恢复进行大气层核武器试验的能力”。

1993 年 11 月，联合国大会一致通过一项决议，呼吁就 CTBT 进行谈判。联合国下属的“国际社会唯一的多边裁军谈判论坛”裁军谈判会议（CD）进行了谈判工作。CD 的 1994 年会议于 1 月开始，谈判 CTBT 成为会议的首要议题。这一优先地位部分源于（计划于 1995 年 4 月和 5 月）举行的 NPT 审查和延期大会，届时 NPT 缔约国将决定是否按照美国的要求无限期延长该条约，或者延长一个或多个固定期限。这一决定将对该条约的缔约国具有约束力。

1995 年的 NPT 会议是有争议的。NPT 的非核武器缔约国将达成 CTBT 视为在裁军事务上是否有诚意的试金石。他们认为核武器国家未能履行 NPT 的义务，没有缔结 CTBT。他们认为在逐步结束军备竞赛方面的进展是不够的。他们抨击 NPT 具有歧视性，因为它将世界划分为核国家和非核国家，并主张建立一个没有歧视性的 NPT 机制，使任何国家都不拥有核武器。在他们看来，CTBT 是这一制度的象征，因为与 NPT 不同，核武器国家将放弃一些有形的东西，即发展先进新型弹头的能力。一些非核武器国家将延长 NPT 看作是他们争取达成 CTBT 的最后手段：一旦他们同意永久延长 NPT，他们就无法向核武器国家施压要求他们达成 CTBT。其他非核武器国家认为 NPT 符合所有国家的利益，但可能进行核扩散的国家除外，而且认为除非无限期延长，否则将损害大多数国家的安全。这一立场认为，NPT 太重要了，不能因为将其作为向核武器国家施压以达成 CTBT 的手段而将其置于危险之中。

审查与延期会议无限期延长了 NPT。这一延期是通过一揽子的决定完成的，由于这些决定具有争议性，因此是未经投票而通过的。这一揽子决定包括无限期延长 NPT、加强该条约的审议过程、关于中东问题的决议，以及核不扩散与裁军的原则和目标。后者提出了关于 NPT 的普遍性、无核武器区等的目标，并强调了“不晚于 1996 年谈判完成一项普遍的、国际上可有效核查的 CTBT”的重要性。这种明确的 CTBT—NPT 关联性使 CTBT 谈判显得更加紧迫。

与此同时，克林顿总统从 1993 年开始多次延长了哈特菲尔德－埃克森－米切尔暂停核试验的禁令，他的政府就是否追求 CTBT 或另一种类型的试验禁令进行了辩论，例如允许进行极低当量核试验的禁令。1995 年 8 月，总统宣布他“决定谈判一项真正零当量的全面禁止核试验条约”（即允许没有核当量的 CTBT）。随总统声明而来的一份白宫简报提出了六项保障措施作为 CTBT 的条件，包括 SSP、现代化实验室设施和核技术项目以吸引和留住科学家、“恢复核试验活动的基本能力”、继续研发以提高监测条约遵守情况的能力、持续提高情报能力以提供有关全球核武器计划的信息，以及认识到，如果某种关键核武器类型不能再被认证为是安全或可靠的，“总统在与国会磋商后，将准备根据标准的‘最高国家利益’条款退出 CTBT 以进行任何必要的试验”。

裁军谈判会议于 1996 年 8 月完成了 CTBT 草案的起草工作，但由于印度的反对，以协商一致方式运作的裁军谈判会议未能将该条约作为裁谈会文件提交给联合国大会。联合国大会于 1996 年 9 月通过了该条约，并于 1996 年 9 月 24 日开放供签署。克林顿总统和其他人在那天签署了该条约。1997 年 9 月，克林顿总统将其提交给参议院。1999 年 10 月 13 日，参议院以 48 票赞成、51 票反对和 1 票出席的投票结果，拒绝提出建议并同意批准，需要 2/3 多数票才能通过。

国际社会一直在推动 CTBT，并将其与核不扩散和 NPT 联系起来。在 2000 年 NPT 审议大会的联合声明中，NWS 表示：“我们应尽一切努力确保 CTBT 成为一项普遍的、国际上可有效核查的条约，并确保其早日生效。”以协商一致通过的会议最终文件重申“停止一切核武器试验爆炸或任何其他核爆炸将有助于核武器的不扩散”；呼吁所有国家，尤其是那些必须批准 CTBT 才能使其生效的国家，“继续努力确保该条约早日生效”；并同意，作为实现裁军的实际步骤，“核武器国家应明确承诺彻底消除其核武库，以实现所有缔约国根据 NPT 第六条所承诺的核裁军”。

2002 年，一位国防部官员阐明了布什政府的立场：“正如我所说，我们将继续执行现政府的政策，即我们继续反对批准 CTBT；我们将继续坚持暂停核试验”。国务卿康多莉扎·赖斯在 2007 年重申了这一立场：“政府不支持 CTBT，也不打算寻求参议院的意见和同意批准该条约。政府在这个问题上的政策没有发生变化”。

2005 年 NPT 审议大会被广泛认为是失败的。美国专注于伊朗和朝鲜的核问题，以及防止核扩散的步骤，而根据一份报告，“非核国家坚持要求美国和其他核大国集中精力从根本上削减其核军备”，一些国家则希望在 CTBT 上达成协议。

按照布什政府的政策，美国顶住了要求批准 CTBT 的国际压力。根据 CTBT 第十四条的规定，为促进该条约的生效已经举行了五次会议。最近一次会议于 2007 年 9 月举行。106 个国家参加了会议，美国没有派出代表团。2006 年 9 月，为了纪念 CTBT 开放供签署十周年，59 国外交部长就该条约发表了一份声明，重申 CTBT“将有助于系统地、逐步地削减核武器和防止核扩散”，并“呼吁所有尚未签署和批准该条约的国家立即签署和批准该条约，特别是那些需要批准该条约才能使其生效的国家”。联合国大会以压倒性的多数通过了几项支持 CTBT 的决议，而美国反对。例如，2007 年的一项决议以 176 票赞成、1 票反对（美国）和 4 票弃权获得通过。

截至 2008 年 3 月，已有 178 个国家签署了该条约，144 个国家批准了该条约，包括必需批准才能使条约生效的 44 个国家中的 35 个国家。在核武器国家中，法国、俄罗斯和英国已经批准，中国和美国已经签署但尚未批准。

附录 B：缩写词

AFTAC 空军技术应用中心

CD 裁军谈判会议

CTBT 全面禁止核试验条约

CTBTO 全面禁止核试验条约组织

DOD 国防部

DOE 能源部

IDC 国际数据中心

IMS 国际监测系统

LEP 延寿计划

LTBT 部分禁止核试验条约

NAS 国家科学院

NNSA 国家核安全局

NNWS 非核武器国家

NPT 不扩散核武器条约

NWS 核武器国家

OSI 现场视察

PNET 和平核爆炸条约

RRW 可靠替代核弹头

SSP 库存管理计划

TTBT 有限禁止地下核试验条约

USAEDS 美国原子能检测系统

WR1 首个可靠替代弹头（RRW）设计

第三章

《全面禁止核试验条约》更新后的“保障措施”和全面评估

概 要

自 1954 年起，限制核试验一直被列入国际议程。美国在 1963 年批准了一项这样的条约，在 1990 年又批准了两项这样的条约，这两项条约共同禁止除了爆炸当量不超过 150 千吨的地下核试验以外的其他所有核试验。美国自 1992 年以来一直单方面暂停核试验。1996 年，美国签署了禁止所有核爆炸的《全面禁止核试验条约》（CTBT）。

1999 年，参议院否决了 CTBT。辩论的焦点是美国是否能够在不进行核试验的情况下维持其核武器、是否能够核查条约的遵守情况，以及条约将如何影响核不扩散。过去辩论的另一个方面是“保障措施”，即美国可以在条约范围内单方面采取的保护其核安全的措施。为了弥补他们在条约机制中看到的“缺点和风险”，参谋长联席会议提出了四项保障措施作为支持 1963 年条约的条件：积极的核试验计划、维持核武器实验室、保持迅速恢复大气层试验的能力，以及提高情报和核爆炸监测能力。这些保障措施是确保参议院批准 1963 年条约的关键。更新后的保障措施成为后续条约批准努力中不可或缺的一部分。

2009 年 4 月，奥巴马总统承诺“立即且积极地”推动美国批准 CTBT，关于该条约的辩论将涉及其利弊以及自 1999 年以来它们是如何变化的。就像利弊考量，保障措施也可能影响参议员们对条约的综合评估；但与利弊不同的是，保障措施在立法过程中可以讨价还价和妥协。因此，它们可能在 CTBT 的辩论中发挥关键作用。为此目的，保障措施可以被更新。例如，可以增加对核武器生产厂和战略部队的保障措施，并可以通过执行措施进行加强。

虽然保障措施可能成为未来CTBT辩论的一部分内容，但该条约的支持者和反对者都可能对其提出批评。支持者可能认为没有必要加强保障措施，他们认为该条约的技术依据比1999年时更加有力。许多支持者赞成进一步削减并最终消除核武器，并将 CTBT 视为朝着这一方向前进的踏脚石；他们可能把修订后的保障措施看作是在支持美国的核能力，是在背道而驰。反对者则坚称，在不进行核试验的情况下美国无法对自己的核武器或其维护计划保持信心，而且各国可能会隐瞒核试验。他们认为，美国没有充分执行现有的保障措施，并怀疑它是否会在 CTBT 的保障措施方面做得更好。在他们看来，CTBT和得不到充分支持的保障措施都将危及美国的安全。

导 言

“为实现全球禁止核试验，我的政府将立即积极争取美国批准《全面禁止核试验条约》。经过五十多年的谈判，现在正是最终禁止核武器试验的时候”。巴拉克·奥巴马总统，2009年4月。

“我将开始努力争取必要的两党支持，以便美国批准《全面核试验禁止条约》……一旦成功，这将成为新一届参议院在军备控制方面取得的最大成就，它将重塑美国在防扩散领域的传统领导地位。”参议员约翰·克里，参议院外交关系委员会主席，2009年1月。

CTBT禁止一切核爆炸。它于1996年开放供签署，截至2009年6月，已有180个国家签署了该条约、148个国家批准了该条约。该条约生效需要条约规定的44个拥有核反应堆的国家批准，截至2009年6月，这44个国家中有35个国家批准了该条约。剩下的9个国家是中国、埃及、印度、印度尼西亚、伊朗、以色列、朝鲜、巴基斯坦和美国。1999年，美国参议院以 48 票赞成、51 票反对和 1 票弃权的结果否决了该条约，这一结果远低于参议院建议和同意批准所需的 2/3 多数。正如开篇所言，参议院似乎有可能在未来几年内再次审议 CTBT，时间可能在 2010 年 4 月召开的《不扩散核武器条约》审议大会之前。

第一种途径通过参议院重新审议该条约，参议员们将需要对该条约是否符合美国的安全利益进行全面评估。全面评估至少有两条互补的途径。其中一条涉及利弊观点的辩论，以权衡该条约的潜在利益、成本和风险。支持该条约的主要理由是，它将防止其他国家发展先进设计的核武器，将提升美国的地位以迫使其他国家支持核不扩散的努力，并将提高探测秘密核试验的能力。反对的主要理由是，各国可能会进行不被发现的秘密试验，这可能会影响军事平衡，美国强大的核力量可以通过说服盟友和朋友无需拥有自身的核武器来遏制核扩散；而核试验是确保美国核武器按预期工作的唯一途径。然而，一场辩论可能不会改变多少人的想法，因为双方通常都陈述自身的观点并反驳对方的观点。

第二种途径通过减轻条约的感知风险的措施来改变全面评估。早期的核试验条约通过“保障措施”采取了这种途径，这是美国可以采取的与这些条约一致的单边措施，以支持其核情报和核武器。保障措施最初是由参谋长联席会议于 1963 年结合一项核试验条约提出的，此后经过多次更新。为了解决人们对美国核武器可靠性的担忧，保障措施要求美国采取措施维护这些武器，在必要时进行试验。为了解决对其他国家意图的担忧，保障措施要求提高美国监测其他国家核计划的能力。当前保障措施的更具体目标包括：

（1）维持现代化的核实验室项目，吸引和留住核技术专家，并在对美国核态势具有重要意义的领域改进美国的核武器；

（2）保持必要时恢复核试验的能力，以保持对这些武器的安全性、安保和可靠性的信心；

（3）保持并提高监测其他国家核武器计划以及可能支持这些计划的相

关努力的能力；

（4）保持并提高探测可能具有重大军事意义的秘密核武器试验的能力。

在任何关于 CTBT 的辩论中，保障措施都可能是一个核心因素。支持该条约的参议员可能会寻求起草一揽子保障措施，以赢得足够多的质疑者的投票，使其超过 67 票的建议和同意批准的门槛。反对者可能会断言，没有什么能够替代核试验，因此，保障措施毫无意义，或者坚持要制定一个如此强大的一揽子计划，以至于支持者会觉得执行 CTBT 得不偿失。例如，一些支持者可能认为，美国在可预见的未来维持其核武器事业的保障措施，会破坏美国加强防扩散信誉的努力。

对于尚未决定如何就该条约投票的参议员而言，保障措施可能是一个特别关注的问题。这个群体中的一些参议员可能会看到利弊平衡，并寻找打破平衡的东西。有些人可能会寻求一种方式来加强他们在政治上投票的理由。有些人可能认为，只有在其他措施能够弥补其所感知到的风险时，该条约才会带来好处。一些人则可能认为，以美国今后极不可能进行核试验为理由批准 CTBT，美国不会有什么损失，同时他们看到了 CTBT 辩论中的一个机会，可以获得采取措施加强美国安全的承诺，作为他们投票的代价。即使这个群体规模小，但它可能是至关重要的：就像国会对美国复苏和再投资法案的审议所显示的那样，少数参议员可以决定性地影响立法。然而，对 CTBT 利弊的分析并不能解决这些问题。

达成一揽子保障措施和实施这些保障措施的任何措施都需要讨价还价，这是一个不同于辩论的立法过程，辩论往往不会改变投票，而讨价还价往往会改变投票。参议院面临的问题是，最终达成的协议是否足以改变参议院对该条约的全面评估，从而使其能够提出建议并同意批准该条约。本报告将介绍保障措施，更新这些保障措施，讨论其执行情况，并考虑对批准 CTBT 的影响。

保障措施的发展史

自原子时代开始以来，就有人提出限制核试验的建议。1946 年，众议员路易斯·勒德洛提出了参议院和众议院第 146 号联合决议，宣布了国会的观点，即除其他事项外，原子弹试验必须取消。自从 1954 年印度总理贾瓦哈拉尔·尼赫鲁提议“至少就这些实际的（核）爆炸达成某种可被称为‘暂停协议’的协议”以来，限制核试验就被提上了国际议程。从 1950 年代中期开始，美国、英国和苏联就这一问题进行了广泛的会谈，但未能达成协议。1962 年的古巴导弹危机促使肯尼迪总统加速推动禁止核试验，以缓解美苏之间的紧张关系，并解决公众对放射性沉降物的担忧。1963 年 7 月，在莫斯科举行的会谈最初聚焦在 CTBT 上，但与前几年的多次谈判一样，在地下试验的监测问题上谈判失败了。相反，谈判代表们同意了《部分禁止核试验条约》（LTBT），该条约禁止在大气层、太空和水下进行核试验，因为对在这些地方的监测能力的信心要高得多。

在 1963 年关于批准 LTBT 的辩论中，参谋长联席会议表示担心该条约会导致“过度乐观”，并导致美国放松对苏联的警惕。他们支持该条约的条件是四项保障措施：

（1）开展全面、积极和持续的地下核试验计划，以增加我们的知识，并在对我们未来军事态势具有重要意义的所有领域改进我们的武器。

（2）维持现代化的核实验室设施和理论与探索性核技术项目，吸引、保留并确保我们的科学人才资源持续地投入这些项目中，而这些项目是核技术不断进步所依赖的。

（3）维持必要的设施和资源，以便在认为对我们的国家安全至关重要时或苏联废除该条约或其中任何条款时，迅速进行大气层核试验。

（4）在可行和实际的限制范围内，提高我们的能力，以监督条约的各项条款，发现任何违约情况，并保持我们对中苏核活动、能力和成就的了解。

参议员们希望获得满足上述条件的保证。为此，参议院多数党领袖迈克·曼斯菲尔德和参议院少数党领袖埃弗雷特·德克森与肯尼迪总统进行了会晤。在 1963 年 9 月 10 日的一封信中，肯尼迪总统就该条约向他们提供了“无条件和明确的保证”。这些保证包括参谋长联席会议提出的保障措施（尽管措辞有所不同），以及关于古巴、东德和用于和平目的的核爆炸的条款。这些保证有助于获得参议员德克森的支持，从而获得参议院的支持。1963 年 9 月 24 日，参议院以 80 票对 19 票的投票结果提出建议并同意批准该条约；LTBT 于 1963 年 10 月 10 日生效。（附录 A 包括几套保障措施。）

在 1963 年，关于地下核试验的价值存在重大的不确定性，正如保障措施 A 和 C 所反映的那样。然而，此类试验很快被证明具有巨大的价值。1971 年，国防部负责原子能事务的助理部长卡尔·沃尔斯克表示：

> 自 1963 年以来的核试验计划对了解（弹道导弹）在发射和再入阶段的易损性方面提供了相当可靠的知识，而没有此类试验，就无法获得此类知识；这也决定了拥有波塞冬和民兵Ⅲ型系统与拥有对防御目标的效果最多只能达到前者一小部分的系统之间的区别；也决定了拥有有效的反弹道导弹系统的可能性与没有这种可能性之间的区别。

1974 年，尼克松政府与苏联谈判达成了《限制地下核武器试验条约》（TTBT），将地下核武器试验的当量上限设定为 15 万吨。1976 年，福特政府与苏联谈判达成了《和平核爆炸条约》（PNET），将 15 万吨的上限扩大到和平核爆炸，以禁止假借和平目的的爆炸之名进行武器试验。

地下核试验取得的进展降低了大气层试验的重要性，这样的试验在政治方面可能不受欢迎，并且维持迅速恢复大气层试验的能力成本很高。因此，福特总统于 1976 年 1 月决定将保障措施 C 重新定义为“维持在大气层中恢复核试验的基本能力，如果被认为对国家安全至关重要的话”。

美国坚持重新谈判 TTBT 和 PNET，以加强核查条款。在此之后，参议院于 1990 年 9 月 25 日以 98 票赞成、0 票反对的投票结果建议并同意批准该条约，“但需宣布为了确保维持可行的威慑力量，应采取保障措施来防止意外的政治或技术事件影响军事平衡；这些与国家利益和资源相一致的保障措施应成为国家安全计划和可用资源分配决策的重要组成部分；这些保障措施应该如下……”。1963 年的保障措施的主要修改包括：将保障措施 A 中的“进行全面、积极和持续的地下核试验计划”改为“在核试验条约的限制下进行有效和持续的地下核试验计划”；加入 1976 年的保障措施 C；将 1963 年的保障措施 D 分为核爆炸监测保障措施和情报保障措施。

1992 年，随着冷战的结束，国会对《1993 财年能源和水资源开发拨款法》第 102－377 页第 507 节提出了一项修正案，规定美国暂停核试验 9 个月。乔治・赫伯特・沃克・布什总统于 1992 年 10 月 2 日签署了这项措施，使之成为法律。自 1992 年 9 月以来，美国没有进行过核试验。

1993 年，国会在《1994 财年国防授权法案》第 103～160 页第 3137 节中修改了保障措施 C，禁止使用任何资金“维持美国进行大气层核武器试验的能力”。会议报告称，“与会者一致认为，美国不再需要保持恢复大气层核武器试验的能力。”此外，在该法案第 3138 节中，国会设立了一个《库存管理计划》（SSP），“以确保美国在核武器方面的核心知识和技术能力得到保护，包括武器设计、系统集成、制造、安全、使用控制、可靠性评估和认证”。

1995 年，克林顿总统宣布支持零当量的 CTBT，并提出六项保障措施作为支持该条约的条件。1997 年，当他将 CTBT 提交给参议院时，他也将这些保障措施作为他支持该条约的条件（由于 1995 年和 1997 年的保障措施几乎是相同的，所以本报告仅使用了 1997 年的保障措施）。1999 年当参议院审议 CTBT 时，它同意了一项修改 CTBT 批准决议的修正案。修正案以略加修改的形式重述了1997年的保障措施，并规定参议院的建议和同意批准“取决于以下条件（即经修订的保障措施），这些条件对总统具有约束力。”参议员约瑟夫·拜登代表参议院少数党领袖托马斯·达施勒提出了修正案，他讨论了保障措施的重要性，以及1997年和1999年保障措施之间的联系：

> 民主党领袖提交的修正案中包含六个条件，这些条件与美国总统所说的为了确保参议院批准该条约而需要的六个条件相对应。这些条件是在1995年美国签署该条约之前制定的。它们对于行政部门决定寻求禁止核试验条约至关重要，该条约的标准是零当量；也就是不受控制的链式反应——核爆炸产生的零当量。
>
> 反过来，我们认为至关重要的是，参议院在对该条约提供建议和同意时，将美国总统所说的作为批准决议的条件的这六项保障措施编纂成法律。原因如下：
>
> 克林顿总统于1995年8月宣布了这些保障措施。它们仅仅是总统的政策声明，克林顿总统没有办法用这些声明来约束未来的总统。然而，我们可以。
>
> 相比之下，我现在提议的批准决议的条件对未来所有的总统都具有约束力。因此，批准这些条件将永远锁定它们，以便在我们离开很久之后，任何未来的总统或未来的国会都会明白，这些保障措施对我们继续参加《全面禁止核试验条约》至关重要。

1999年就像1963年一样，保障措施对参谋长联席会议至关重要。美国陆军参谋长联席会议主席亨利·谢尔顿将军作证说：“关于CTBT，让我先从底线开始。参谋长联席会议支持批准CTBT并附带一揽子保障措施。”

从那以后，其他文件中也包含了类似保障措施的建议。2001年1月，美国陆军退役将军约翰·沙利卡什维利就CTBT向克林顿总统递交了一份报告。他“建议采取一些不涉及重新谈判该条约的步骤，这些步骤将大大有助于解决具体关切”。它们涉及防核扩散、监测、库存管理以及在条约无限期的情况下尽量减少不确定性。2008 年 6 月，参议员凯尔、多梅尼奇和塞申斯给布什总统写了一封信，提出了一些建议，“以制止核威慑力量正在下降的走势”。2009 年 5 月，美国国会战略态势委员会的一份报告中包含了关于核武器库存、综合设施和 CTBT 的建议。附录 B、C 和 D 列出了这些建议。它们代表了各种各样的观点：沙利卡什维利将军支持该条约，委员会内部存在分歧，而这三位参议员在 1999 年均投票反对该条约。

保障措施的解构

1999 年的保障措施没有生效，因为它们与参议院否决的 CTBT 相关联。然而，由于这是最近的一次更新，分析它们的优缺点为构建保障措施提供了一个出发点，这些保障措施可能成为未来 CTBT 辩论的一部分。附录 A 中包含了每项保障措施的 4 个版本，以展示它们是如何发展的；以下是 1999 年的前五项保障措施以及第 6 项保障措施的摘要。

（1）“库存管理计划——美国将开展一项以科学为基础的库存管理计划，以确保对现役库存核武器的安全性和可靠性保持高度信心，包括进行广泛的有效且持续的实验计划。”

（2）“核实验室设施和计划——美国应维持现代化的核实验室设施以及理论和探索性核技术项目，旨在吸引、保留和确保我们的科学人才资源持续地投入到这些项目中，而这些项目是核技术不断进步所依赖的。”

（3）“维持核试验能力——如若美国不再有义务遵守该条约，美国应保持恢复该条约所禁止的核试验活动的基本能力。”

（4）“继续进行全面的研究和发展计划——美国应继续其全面的研究和发展计划，以提高其监测该条约的能力和行动。”

（5）“情报收集和分析能力——美国应当继续发展广泛的情报收集和分析能力以及行动，以确保准确、全面地掌握全球核武库、核武器发展计划，以及相关核计划的信息。”

（6）退约的条件：美国（i）认为对其核武器库存的安全性和可靠性继续保持高度信任是影响美国最高利益的问题；（ii）根据该条约第九条第 2 款，将使这种信任受到质疑的任何事件视为“与该条约主题事项相关的非常事件”。每年，国防部长和能源部长在核武器委员会、核武器实验室主任和美国战略司令部司令的建议下，“应向总统证明美国的核武器库存及其所有关键要素是否高度可信、安全和可靠”。如果部长们不能作出所要求的证明，他们应根据指定官员的建议，向总统建议“是否有必要进行核试验，以高度的信心确保美国核武器库存的安全性和可靠性”。证明和建议应采用书面形式，包括部长们得出结论的理由、指定官员的意见以及任何少数人的意见。然后，“如果总统确定有必要进行核试验，以高度的信心确保美国核武器库存的安全性和可靠性，总统应迅速与参议院进行协商，并根据该条约第九条第 2 款退约，以便进行任何可能需要的试验。”

有几项意见涉及1999年的保障措施是否适合于任何未来的CTBT辩论。

第一，1999 年保障措施的第（1）（2）（3）和（6）项将目标和实施情况交织在一起，而保障措施的第（4）项和第（5）项则分别规定了目标和实现目标的手段。

（1）保障措施 1 的目标是确保对核武器的高度信心。实施工作将通过基于科学的库存管理计划来完成，该计划现在被称为库存管理计划，或 SSP。反过来，SSP 又包括广泛的实验项目。

（2）保障措施 2 的目标是吸引、保留和发展“人力科学资源”。实施将通过实验室计划和设施来完成。这些计划是 SSP 的主要部分。要实现保障措施 1 的目标，确保对武器的信心，需要依赖 SSP 和操作它的人员。

（3）保障措施 3 的目标是保持恢复核试验的能力，这也是确保对核武器的信心的一种方式（保障措施 1），也是实施保障措施 6 所必需的。

（4）保障措施 4 的目标是提高美国监测 CTBT 遵守情况的能力，它将通过一个研发项目来实施。

（5）保障措施 5 的目标是获取世界范围内的核计划信息，它将通过持续开发所需的能力来实现。

（6）保障措施 6 与保障措施 1 一样，其目标是确保对美国弹头的高度信心，它将通过一套程序来实施，以便在必要时启动恢复试验，并且保障措施 3 提出了必须维持的恢复试验所需的能力。

第二，保障措施（1）（2）（3）和（6）只有一个目标，即确保对美国库存的信心。其中一种方法是通过 SSP［保障措施（1）］实现，这需要实验室设施和人员，以及实验计划［保障措施（1）和（2）］。另一种方法是确保信心的方法是保留恢复核试验的能力，这需要能力［保障措施（3）］、程序［保障措施（6）］和人员［保障措施（2）］来实施。

第三，保障措施所规定的实现这些目标的手段是一般性的，例如开展 SSP，维持现代化的实验室，维持恢复试验的基本能力，以及持续进行研发以提高条约监测能力。

第四，虽然没有说明保障措施的架构，但可以从目标和实施这些措施的手段中推断出来。它是：美国应为维持其核弹头进行研发，并应监测其他国家的核武器和核计划。

第五，上述架构侧重于其他国家的整个核计划，但只关注美国的弹头研发。这种不对称可能是时代的产物。1963 年，当第一版保障措施被提出时，美国正处于大规模战略（即远程）部队的建设中，最终部署了 1 000 枚陆基民兵导弹和 41 艘北极星潜艇，每艘潜艇配备 16 枚导弹；最后的 744 架 B-52 轰炸机于 1962 年 10 月交付。柯蒂斯·勒梅将军领导的战略空军司令部和海曼·里科弗海军上将领导的核潜艇建造计划，都是军队中享有盛誉的部门，在国会和美国公众中得到了广泛支持。许多生产核材料、核弹头部件或核弹头的工厂都有十年或更少的历史，所有的工厂，无论是新建的还是二战时期的工厂，都在努力生产成千上万的弹头，以武装这些远程武器和短程战术部队。大概是因为这种情况，1963 年的保障措施没有提到维持美国的生产能力或战略力量：不需要这样的保障措施。

第六，保障措施的重点是研发而不是工厂和战略力量，这在 1963 年是无关紧要的。然而，现在我们有理由对这些话题表示担忧。生产厂有许多陈旧的设施，Y-12 工厂的蒸汽厂“自从 1954 年建成以来一直在连续运行……一些辅助设备的部件……不仅老旧，而且处于各种恶化状态……蒸汽服务的不足可能导致 Y-12 的任务能力丧失”。Pantex 工厂的 22 条电力线“已有 30 至 50 年的历史。线路正在恶化，以至于一个重大故障或天气事件可能会破坏影响关键设施、系统和设备的线路，并可能导致 Pantex 工厂发生大停电”。如若美国继续进行研发以设计现有弹头的延寿计划（LEPs），但由于生产问题而无法实施 LEPs，美国核力量的可信度将受到削弱。

关于战略力量，虽然许多系统已经老旧，但国防部正在按计划进行处理。替换三叉戟潜艇的设计工作已经开始，以便在三叉戟退役时部署新船。尽管最后一架 B-52 于 1962 年交付，但空军不时会对它们进行更新，并期望它们能够持续使用到 2040 年用于执行核任务，从防空系统无法够到的地方发射远程巡航导弹。民兵导弹已经完全翻新，根据国会的指示，它们的使用寿命将延长至 2030 年或更长。相反，人们关注的是管理问题，如运营、人员、培训、程序和监督，尤其是对于空军而言。与生产厂一样，如果不能纠正这种情况，将会削弱美国核力量的可信度，国防部最近已经在关注这些问题，针对这两起事件，国防部长盖茨于 2008 年解除了空军部长和参谋长的职务。关于战略力量问题的研究有很多，国防部和空军已经实施了许多由此产生的建议，例如在空军总部建立战略威慑和核一体化办公室（A10），进一步巩固核武器中心（基特兰德空军基地，NM）的核维持责任，建立临时空军全球打击司令部以整合核作战，并改变了处理核武器的程序。尽管如此，但由于其中许多措施是在2008年或2009年采取的，国会可能希望监督它们的实施情况，以确保它们保持在正确的轨道上。

保障措施的重建

修改保障措施以反映这种变化的情况可能导致为弹头研发建立保障措施、恢复核试验的能力、弹头生产以及核力量的管理和运作。后两项将是新增的。由于1963年、1990年、1997年和1999年的保障措施中有两项专门针对核试验，因此，作为研发的一部分的核试验被单独列为一项保障措施。对其他国家的核武器和核计划进行监测的需求仍然存在，这将需要对核爆炸监测和情报提供保障。以上六项保障措施均与特定部门相关联：

（1）弹头研发：核武器实验室；

（2）恢复试验的能力和程序：各大实验室和内华达试验场；

（3）弹头生产：各生产厂；

（4）核力量的管理：国防部；

（5）核爆炸的监测：核爆炸监测部门；

（6）其他国家核计划的监测：情报部门。

这些保障措施可归入以下架构：美国应保持其核武器和计划，并应监测其他国家的核武器和核计划。碰巧的是，这种架构是对称的，因为它涉及到美国和其他国家的整个核计划。

保障措施的实施

国会委员会的一份报告指出，“政府和国会必须证明他们将贯彻落实保障措施计划。近年来，为支持这些保障措施而提供的资金水平一直不足”。条约的反对者可能会把过去视为序幕。因此，要想让 CTBT 获得批准，很可能不仅需要一揽子保障措施来减轻条约的风险，还需要保证美国将长期执行这些保障措施。

过往的实施是否充分？

CTBT 的支持者认为，本国为研发保障措施以及核爆炸监测方面提供了充足的支持。国会从 1996 财年到 2008 财年拨款 689 亿美元（当年美元金额）用于库存管理（在能源部的预算中被列为武器活动）。这一时期的平均武器活动拨款比请求额高出 1.9%；1997 财年至 2008 财年的拨款额以当年美元计算，平均每年增长 5.2%。

它还资助建设了主要的科学设施，如国家点火设施、世界上最大的激光设施、双轴射线照相水力试验设施，用于对替代材料（即钚以外的材料）制成的内爆弹芯进行详细的 X 射线检测，以及先进战略计算计划，该计划开发了一系列世界上最强大的计算机。

由于这项投资，NNSA 局长托马斯・达戈斯蒂斯诺得以在 2009 年 3 月作证说，“如今，我们的核安全实验室和生产工厂确保美国的核武器是安全、稳妥和可靠的，而无须进行地下核试验”。

自 1996 年以来，能源部和国防部已向总统提交了 13 份有关这方面的年度评估报告。2008 财年武器实验室用于武器活动的拨款总额为 33.05 亿美元；一些人认为，将这些资金中的一小部分从建设新设施转移到雇用人员方面，可以缓解实验室人员不足的问题。

国会已经给能源部拨款用于核爆炸探测，并给空军技术应用中心提供了额外的拨款（分类），用于这一目的。

更具体地说，延寿计划（LEP）似乎正在发挥作用。W76 是核库存中数量最多的弹头，目前正在进行一个 LEP 项目，将原来的 W76-0 弹头转换为寿命延长的 W76-1 弹头。当时的可靠替代弹头（RRW）项目官员小组（POG）主席和 W76 LEP POG 主席巴里·汉纳表示：

> 目前进行的 W76-1 LEP 项目在技术、进度和成本方面都非常出色。我相信它满足了海军的需求。虽然 LEP 对原始的 W76-0 的组件进行了许多更改和一些升级，但它没有对弹头的基本设计进行任何更改。例如，W76-1 LEP POG 希望 W76-1 尽可能保持接近原始设计的核爆炸包，因为该包的微小差异可能对武器性能产生重大影响。在我们不完全了解材料或组件的原始制造过程的情况下，我们就尽可能精确地复制原始过程。出于这个原因，我们付出了相当大的努力来恢复制造用于 W76-1 的“Fogbank”（一种用在 W76-0 中的材料）的过程。我们还包括了增加边际的变化，以弥补组件变化或与年龄相关的退化可能引入的问题或不确定性。其中一个变化是改进了向武器提供增压气体的系统。我有信心 W76-1 将延长 W76 的寿命。W76-0 于 1978 年首次投入部署。由于 W76-1 与 W76-0 非常接近，因此 W76-0 的老化数据与测量 W76-1 的服役寿命直接相关。对 W76-0 组件恶化或缺乏恶化的观察，增加了对 W76-1 延长寿命的信心。W76-0 的老化情况很好，我们从它的老化过程中吸取了一些经验教训，并应用于 W76-1 上。此外，改进的增压气体传输系统也支持延长的使用寿命。
>
> 由于几个方面原因，W76-1 POG 选择了 W76-1LEP 代替 WR-1 RRW。在需要时是否有能力生产出合理数量的弹芯是个问题。如果我们等到 2020 年才

拥有第一架 WR-1，则 W76-1 就会停产很多年，并且如果 WR-1 失败了就会有风险。此外，海军对安全和保障选项的需求不像其他军种那样迫切。当潜射弹道导弹弹头由海军保管时，它们在基地或海上受到海军陆战队和其他安全人员的严密保护。

如前所述，国防部正在按计划维持其轰炸机、导弹和潜艇，并正在解决管理核力量和作战的问题。

该条约的反对者回应称，尽管有上述计划，但美国没有充分支持维持其核力量或核情报的措施。这种观点认为，仅关注美国是否实施了过去的保障措施是不够的，因为它们并不包括维持生产工厂或修改核力量管理的保障措施。此外，1992 年开始的暂停令使得要求开展地下核试验计划的 1990 年保障措施 A 变得没有实际意义。

有许多人声称，美国没有充分维护其核力量及其支持性基础设施。例如，时任国防部部长罗伯特·盖茨指出，“美国正在经历严重的人才流失，资深核武器设计师和技术人员正在不断流失”。洛斯阿拉莫斯国家实验室主任迈克尔·阿纳斯塔西奥表示，由于环境和其他要求的标准和成本不断提高，再加上预算紧张，“使得库存管理的基本前提面临风险”。劳伦斯利弗莫尔国家实验室主任乔治·米勒说，“加速模拟和计算（ASC）项目的资金水平下降正在削弱我们改进武器模拟代码中物理模型的能力”。一位在洛斯阿拉莫斯和利弗莫尔担任顾问的物理学家观察到，“NNSA 的国家助推计划和洛斯阿拉莫斯热核助推计划试图更好地理解助推的物理过程，这是所有现代武器中的一个基本过程。然而，由于缺乏资金，这些举措一直举步维艰。”正如上文所述，一些武器综合设施已接近使用寿命，核力量也存在管理问题。CTBT 的反对者很可能会引用这样的声明。

其他关注则与情报相关。全球地震网络（GSN）是一个由 152 个地震台站组成的开放网络，它提供的数据有助于监测地下核爆炸；它的一些台站连接到了国际数据中心。一位专家说，“GSN 的数据能够识别地震和爆炸等其他方式无法识别的地震事件……GSN 对美国的监测工作特别有价值，因为它是在美国的主持下运行的”。然而，GSN 使用的一种主要地震仪已经停产十年了，而另一种地震仪的故障率在这段时间内增加了两倍。2004 年的一份报告指出：“从事地震仪器研究的训练有素的科学家已经减少到几乎为零”。国防科学委员会核威慑技能任务组的评估是：“缺乏对核武器有经验的分析人员，可提供技术支持的人口老龄化，缺乏对核问题的关注，以及缺乏获取可能可用的信息的渠道。这些问题存在于整个情报界”。

修订后的保障措施能否得到有效实施?

对保障措施是否得到有效实施存在分歧的一个主要原因是，保障措施缺乏关于它们如何得到实施的细节；结果，进展（或缺乏进展）无法被衡量。为解决此问题，参议院可以考虑增加实施每项保障措施的措施，以便为判断实施的有效性提供商定的标准。这些措施可能包括在总统的信中，如 1963 年 LTBT 的情况；可能包括在批准决议中，如 1990 年的 TTBT 和 PNET 以及 1999 年的 CTBT 的情况；或包括在总统的承诺声明中，就像 1997 年关于 CTBT 的承诺一样。以下是支持实施修订后的六项保障措施的一些可能的措施示例。

（1）保持研发核武器的能力：

① 通过能源部核武器综合体关键技能发展奖学金计划和类似计划加强人才输送。博士后奖学金被认为是特别重要的，因为许多武器项目的工作人员是被科学研究的机会吸引到实验室从事博士后研究工作的。

② 保持武器设计能力。理查德 • 加文建议，“实质性的核设计和能力应该保留在国家实验室。该系统应该每五年举行一次简化核弹头的设计挑战竞赛，包括更广泛的选择，例如完全消除美国核武器中的钚”。

③ 让实验室主任和那些持有其他观点的人每年就 SSP 的表现向国会作证，包括进展和问题。

（2）保持必要时恢复试验的能力：

① 明确美国恢复核试验的条件和过程，如 1999 年保障措施的第 6 项。

② 巴里·汉纳建议：

> 我们应当演练进行核试验的能力，例如准备试验竖井、制造仪器和替代试验装置，将仪器和装置安置于井下并封堵竖井。在核试验项目中所获得的众多经验教训没有被保留下来，像这样的年度演练将有助于保留技能，并告诉我们需要保留哪些能力和设备。如果我们需要进行核试验，我们可能不得不匆忙行事，而这些演练将提高我们这样做的能力。

③ 确保试验准备就绪状态，即在总统和国会批准后进行核试验所需的月数，保持在所需水平。

④ 为确保美国仅在紧急需要进行核试验的情况下才退出该条约，要求总统在向国会发出退出条约的消息中附带请求国会在试验准备就绪状态下进行一次或多次特定的核试验。然后，国会将接受或拒绝一项联合决议，授权退约并进行试验。

⑤ 让实验室和内华达试验场的负责人以及那些持有其他观点的人每年向国会作证，证明美国是否有足够的能力恢复核试验，包括进展和问题。

（3）维持核武器生产厂：

① 加强工厂的能力，现代化或更换过时的设施，并根据需求提供产能。

② 持续进行 LEP 所需的生产操作。

③ 通过让它们生产小批量（例如少于 12 个）的由上述设计竞赛产生的弹头来锻炼这些工厂超出 LEP 的能力，以保持技能和设备。这些弹头不会被部署。

④ 让工厂负责人及那些持有其他观点的人每年向国会作证，证明工厂是否足以满足库存需求。

⑤ 让工厂负责人参与对他们正在进行或准备进行 LEP 的弹头的年度评估。

（4）维持核力量并监测核力量管理的进展情况：

① 继续支持潜艇的设计以取代海军计划在 2026 年至 2039 年之间退役的 14 艘三叉戟潜艇，并在以后支持这些潜艇的建造。

② 维持大型火箭发动机生产的工业基础。

③ 监督修订的核力量程序的实施情况，如空军基地处理核武器的程序。

④ 监督国防部和空军为应对 2006 年和 2007 年的武器处理不当事故而建立的新组织的进展。

⑤ 让美国战略司令部司令及那些持其他观点的人每年向国会作证，证明是否有足够的计划维持美国的核力量和足够的组织来管理美国的核力量。

（5）增强核爆炸监测能力：

① 增加核爆炸监测方面的奖学金，培养足够的该领域专家，以满足国家的需要。一位专家指出，“低且不稳定的资金已经扰乱了研究生的培养。因此，维持足够数量的核爆炸监测专家变得越来越困难，在替换退休地震学家方面的困难就证明了这一点”。

② 继续开发三维地质模型，以改进地震波传播的模拟，这将有助于解释来自中东等地区的地震信号，在这些地区很少观测到爆炸信号。

③ 加强核取证工作，以提高挫败企图在偏远海域进行可探测但无法归因的核试验的能力。

④ 与 CTBTO 筹备委员会共享美国政府在监测技术方面的非保密进展，以提升其监测能力。在国际社会看来，在查证是否有秘密核试验进行过这一问题时，该组织获得的数据可能比美国的数据更可信，而且可以让美国避免为此目的使用其机密系统中的数据。

⑤ 让 NNSA 局长和空军技术应用中心指挥官每年向国会就美国核爆监测能力及其改进计划的充分性作证。由于非政府组织的监测项目为美国的监测能力提供了有用的数据，还应请这个方面的一名代表一同作证。

（6）加强情报能力，以监测其他国家的核武器计划：

① 开展研发工作，提高星载手段探测外国核计划或秘密试验可能产生的信号的能力。

② 如果可以确定，为使美国核计划更加透明而进行的互惠改变带来的好处超过了潜在的成本，则加大努力使其他国家的核计划更加透明。

③ 让国家情报总监和尽可能让那些持有其他观点的人在闭门会议上向国会作证，证明监测其他国家核计划的情报能力是否足够。

实施问题

监督实施情况：即使批准决议包括了实施保障措施的措施，但一些参议员可能会担心这些措施不会得到充分执行，或者可能希望确保实施问题能够及时引起国会的关注。然而，监督一整套涉及多个政府机构的详细保障措施的实施将需要一定水平程度的人员配备、专业知识和持续关注，这可能超出了国会委员会的能力。建立一个保障措施实施情况监督办公室可能解决这一问题。这个办公室需要监督能源部、国防部、情报部门以及其他机构的项目实施情况。

如果国会不想依靠行政部门来监督它们自身，这个办公室可以设立在国会机构内，也许是在监督行政机构项目的政府问责办公室，或者是一个新的办公室。另一种可能性是在美国国家科学院、杰森国防咨询小组、国防分析研究所或类似组织内设立一个常驻办公室，以获得监督涉及技术问题的实施措施所需的专业知识。

设置度量标准：确保未来的保障措施得到充分实施的另一种方法是具有

度量标准，即可衡量的绩效指标。然而，这并不总是那么简单。有些指标可能容易定义，但难以通过保障措施实现。有些项目有量化目标，例如建立每年生产 100 枚弹头或建造 450 枚新导弹的能力。这些数字取决于有关核政策和战略的决策。在其他情况下，度量标准可能难以设置。

正在进行的项目可能没有终点。科学进步的速度通常是不可预测的。实验和计算可能会把科学家和工程师引向一个未曾预料到的方向。短期需求可能会干扰长期的研发工作，而后者可能会显著提升能力。

另一种为在建项目设置度量标准的方法是制定一定水平的预算，根据通货膨胀进行调整，为项目提供稳定性。然而，在这方面也有困难。（1）需求会随时间变化；预算会因此改变吗？保障措施 C 从迅速恢复大气层核试验的能力（1963 年）改为维持这样做的基本能力（1976 年），再改为恢复被禁止的核试验的能力（1990 年、1997 年、1999 年），最后 1993 年法律规定禁止维持恢复大气层试验的能力。虽然有些人可能反对坚持一个已经被事件超越的指标，但其他人可能认为“弹性”指标根本就是没有指标；（2）调整预算以反映新的科学机遇或解决旧问题可能是可取的。（3）成本可能会意外上升，比如弹头遇到问题。在资金水平不变的情况下，这一增长将减少其他方面的资金。试图通过为这类增长要求一个单独的预算项目来解决这一困境，将导致供资水平不再是一个度量标准，为了使保障措施的预算回到常规预算程序，每年都需要为支出而斗争。（4）货币度量的是投入，而不是产出。在一个项目上花费一亿美元并不能保证，甚至不能确定它是否会提供那么多的价值。

除此之外，一些保障措施的实施措施可能是非定量的，例如年度证词、建立试验恢复标准或进行武器设计竞赛等措施。对于其他措施，如增强工厂的能力、提高核取证能力或进行远程探测核计划特征的研发，没有必要事先明确预算或计划细节，因为它们取决于国家的需要和技术进步。

战略政策和保障措施实施措施之间的紧张关系：美国国会战略态势委员

会和国会授权的核态势评估正在考虑一种自上而下的方法：设定战略态势、确定实施战略、采购武器以实施战略，以及维持支持武器的基础设施。相比之下，保障措施的实施措施将包括来自实验室、工厂、国防部和其他部门的自下而上的输入。

如果保障措施和实施措施被采纳了，如何将自上而下和自下而上的方法结合起来？有些决定将不得不等待政策的制定。如果没有美国核政策的决定，就不可能知道什么时候需要什么样的生产厂能力、需要多少运载工具。正如查德·加文所说，“同样清楚的是，除非作出决定，构成未来的总库存是 8 000、4 000、999 或 300 枚核武器，否则无法定义或优化核武器综合体”。其他措施独立于政策决定。

例子包括在国会作证、监督新的国防部和管理核力量的空军组织，或提高核爆炸监测能力等。还有一些措施可以在不等待政策决定的情况下实施，因为它们将与一系列可能的政策结果相一致，例如保持恢复核试验的能力、加强科学人员的输送渠道，或继续弹头延寿计划。

核裁军、核不扩散、CTBT 批准和修订的保障措施

1970 年生效的《不扩散核武器条约》（NPT）是核不扩散机制的基石。该条约是在同意放弃核武器的非核武器国家与同意条约第六条的核武器国家之间达成的一项协议，而第六条规定：“本条约各缔约国承诺，就早日停止核军备竞赛和核裁军的有效措施，以及一项在严格有效国际控制下的全面彻底裁军条约进行真诚的谈判”。

多年来，非核武器国家一直将 CTBT 视为核武器国家履行这一承诺的关键一步。

例如，1995 年举行了一次 NPT 的审议和延期大会；大会决定无限期延

长 NPT，而不是延长一段或多段固定期限。某些措施对于确保无限期延长是至关重要的，其中包括一项有关核不扩散和裁军的原则和目标的决定，除其他外，该决定强调必须“至迟在 1996 年完成一项普遍的、国际上可有效核查的全面禁止核试验条约的谈判”，因为这对于“充分实现和有效实施第六条很重要”。

2000 年的 NPT 审议大会通过了一份最终文件，其中列出了 13 项“系统地、逐步地努力实施第六条的实际步骤”，其中第一项是“全面禁止核试验条约早日生效”。2009 年 4 月，奥巴马总统承认对第六条的承诺，他说，“我明确而坚定地声明，美国致力于追求一个没有核武器的和平与安全的世界”，并承诺“立即和积极地争取批准 CTBT”。

但他在那次演讲中也表示：“只要这些武器存在，美国就将保持一个安全、可靠和有效的武器库，以威慑任何对手，并向我们的盟友提供防御保障”。由于中国、法国、俄罗斯、英国，也许还有其他国家正在对其核力量进行现代化改造，并且由于这些武器的预期服役寿命可能长达几十年，因此，期望在短期内实现核裁军几乎没有基础。

一些赞成核裁军的人士可能认为，核武器国家保留核武器，表明它们没有认真履行它们对 NPT 第六条的承诺，从而破坏了 CTBT 对于核不扩散的价值。有人认为，这可能会使其他以核裁军为重要目标的国家不太愿意采取他们可能不愿采取但美国支持的行动，例如向伊朗和朝鲜施压，要求他们放弃或限制核计划；同意 NPT 附加议定书，使国际原子能机构视察员能够进行更彻底的视察；支持一项停止生产用于核武器的裂变材料的条约；或是批准 CTBT 以促其生效。然而，正如奥巴马总统所言，只要其他国家保持核武器，美国就将保持其核武器，只要在消除核武器方面取得进展，这一政策是否符合第六条是有争议的。

无论如何，即便参议院建议并同意批准 CTBT，美国也将毫无疑问地采取行动支持其核力量。这在一定程度上是出于政治考虑。1999 年，除一名民主党人投了“出席”票外，所有民主党人都投票支持该条约，而除了 4 名共和党人（其中 3 人已不在参议院）外，其余共和党人都投了反对票。即使第 111 届国会的所有民主党人都投票支持 CTBT，他们也会比 2/3 多数票少 7～8 票，并可能需要几票的缓冲。这可能是一项艰巨的任务。

虽然自 1999 年以来在库存管理和核爆炸监测方面取得了技术进展，但“更好”并不意味着“足够好”。参议院少数党领袖米奇·麦康奈尔在 2009 年 4 月曾暗示，还没有达到“足够好”的程度：“我也不同意政府最近承诺批准 CTBT，这是我们自愿遵守多年的条约。确保我们的核库存安全的方法只有两种：通过实际试验或投资于新一代弹头”。

参议院的建议和同意批准似乎需要 2/3 的参议员认为：总的来说，该条约促进了美国的安全。虽然技术进步本身可能不够引人注目，但这种进步与一揽子修订的保障措施和实施措施结合起来，可能会改变全面评估，使之足以被判断为促进美国的安全，就像 1963 年的情况那样。这个方案必须是强有力的：一个 CTBT 的支持者感到满意的方案不太可能让潜在的反对者相信它促进了美国的安全。

实际上，人们可以想象一揽子计划的连续体，每个一揽子计划都有不同的保障措施和实施措施。

在这一连续体的一端，第一种一揽子计划可能包括大多数参议员都同意的措施，如继续开展 SSP 计划、维持科学家和工程师的输送渠道，或者继续开展潜艇设计工作以替代三叉戟潜艇。第二种一揽子计划可能包括许多 CTBT 支持者不赞成但会支持以获得投票的措施。第三种一揽子计划可能包括过于严格的措施，以至于条约的支持者会评估认为该一揽子计划的成本超过了条约所带来的好处。如果将这些一揽子计划分别称为 A、B 和 C，那么对于 CTBT 来说，这个连续体的关键点就是 B 计划变成 C 计划的地方，原因如下。

就像任何立法斗争一样，最后一位投票的参议员的权力是巨大的，他的投票是确保一项措施通过或失败所需要的，因此，一揽子计划 B 可以被定义为需要获得第 67 位参议员的赞成批准投票的那些措施。如果能够获得其他 66 票，参议院是否就批准决议给出建议和同意，都将取决于那些支持者是否能接受第 67 位参议员所要求的一揽子计划。

CTBT 的支持者可能会将修订后的保障措施视为扼杀该条约的途径，因为它给了反对者提出苛刻要求的机会。而 CTBT 的反对者可能会将修订后的保障措施视为确保条约获得批准的途径，因为它给支持者提供了一个达成协议的框架，这足够可以改变全面评估，从而说服 67 位参议员，使他们相信条约加上保障措施符合美国的国家安全利益。

任何一种结果都是可能的。在 1999 年参议院的 CTBT 辩论中，赞成和反对的争论很少导致任何一方改变立场，这一点从该条约在几乎一党一致的投票中被否决就可以看出。然而，修订后的保障措施可能会使辩论转向讨价还价——这通常是立法机构达成协议的方式——在这种情况下，结果将取决于可能达成的任何讨价还价。保障措施是过去每一次关于核试验条约的辩论的一部分，也很可能是未来 CTBT 辩论的一部分。

提倡核裁军的人士将 CTBT 视为实现这一目标的必要步骤，但他们可能会（或可能不会）认为，修订后的保障措施与这一目标相悖，以至于超过了该条约的好处。但这不是参议院的问题。

参议院对该条约的决定，将取决于条约的支持者和反对者对于条约和任何相关措施对广泛定义的美国安全的价值全面评估。保障措施和其实施措施在此全面评估中会发挥作用。

附录 A：保障措施的制定

本附录介绍了 1963 年、1990 年、1997 年和 1999 年各项保障措施的文本，以展示其是如何随着时间的推移而发展的。1963 年和 1990 年的保障措施以字母确定了个别保障措施，而 1999 年的保障措施则以数字确定了个别保障措施。

1997 年的保障措施没有使用字母或数字；本附录使用字母或数字表示。

进行地下核试验或库存管理

（A，1963）进行全面、积极和持续的地下核试验计划，以增加我们的知识、并在对我们未来军事态势具有重要意义的所有领域改进我们的武器。

（A，1990）在核试验条约的限制下，进行有效和持续的地下核试验计划，以增加我们的知识，并在对我们未来军事态势具有重要意义的所有领域改进我们的武器。

（A，1997）开展以科学为基础的库存管理计划，以确保对现役库存核武器的安全性和可靠性有高度的信心，包括开展一系列有效和持续的实验计划。

（1, 1999）库存管理计划——美国应开展以科学为基础的库存管理计划，以确保对现役库存核武器的安全性和可靠性保持高度信心，包括开展一系列有效和持续的实验计划。

维持实验室和“科学人力资源”

（B，1963，1990）维持现代化的核实验室设施和理论与探索性的核技术计划，这将会吸引、保留和确保我们的科学人力资源持续投入那些核技术持续进步所依赖的项目上。

（B，1997）维持现代化的核实验室设施和理论与探索性的核技术计划，这将会吸引、保留和确保我们的科学人力资源持续投入到那些核技术持续进步所依赖的项目上。

（2，1999）核实验室设施和计划——美国应保持现代化的核实验室设施和理论与探索性的核技术计划，旨在吸引、保留和确保科学人力资源持续投入到那些核技术持续进步所依赖的项目上。

维持恢复条约禁止的核试验的能力

（C，1963）维持必要的设施和资源，以便在我们认为对我们的国家安全至关重要时，或在苏联废除该条约或其中任何条款时，迅速进行大气层核试验。

（C，1990）如果美国不再有义务遵守这些条约，应保持恢复这些条约所禁止的核试验活动的基本能力。

（P.L.103-160，1994 财年《国防授权法案》，1993 年）根据本法案或为任何财年订立的任何其他法案而拨付的资金不得用于维持美国进行大气层核武器试验的能力。

（C，1997）如果美国不再有义务遵守 CTBT，应保持恢复 CTBT 所禁止的核试验活动的基本能力。

（3，1999）维持核试验能力——如果美国不再有义务遵守该条约，美国应保持恢复该条约所禁止的核试验活动的基本能力。

开展研发以提高条约监测能力

（D，1963）在可行和实际的限制范围内，提高我们的能力，以监督条约的条款、发现违约情况、并保持我们对中苏核活动、能力和成果的了解。

（D，1990）结合有效的核查计划，开展全面和持续的研发计划，以提高我们的条约监测能力和行动。

（D，1997）持续开展全面的研发计划，以提高我们的条约监测能力和行动。

（4，1999）继续全面的研发计划——美国应继续其全面的研发计划，以提高其监测该条约的能力和行动。

制定情报计划以监测其他国家的核计划

（E，1990 和 1997）持续发展广泛的情报收集和分析能力及行动，以确保准确全面地掌握有关全球核武库、核武器发展计划和相关核计划的信息。

（5，1999）情报收集和分析能力——美国应继续发展广泛的情报收集和分析能力及行动，以确保准确全面地掌握全球核武库、核武器发展计划和相关核计划的信息。

退出 CTBT 进行核试验的程序

（F，1997）如果美国总统得到国防部长和能源部长的通知，在核武器委员会，能源部核武器实验室主任和美国战略司令部司令的建议下，对两位部长认为对我们的核威慑至关重要的核武器类型的安全性或可靠性的高度信心不能再得到核证，总统在与国会协商后，将准备根据标准的“最高国家利益”条款退出 CTBT，以便进行任何可能需要的试验。

（6，1999）根据‘最高利益’条款退约：

（A）美国核威慑力量的安全性和可靠性；政策。

（1）认为对其核武器库存的安全性和可靠性持续保持高度信心是影响美

国最高利益的问题；

（2）根据该条约第九条第 2 款，将使这种信心受到质疑的任何事件视为“与该条约主题事项相关的非常事件”。

（B）国防部长和能源部长的认证——不迟于每年 12 月 31 日，国防部长和能源部长在收到以下人员的建议后：

（1）核武器委员会（由国防部、参谋长联席会议和能源部的代表组成）

（2）能源部核武器实验室主任

（3）美国战略司令部司令

应向总统证明美国的核武器库存及其所有关键部件是否高度可信、安全和可靠。这样的证明应在提交给总统后不迟于 30 天由总统转交国会。

（C）关于是否恢复核试验的建议——如果在任何日历年内，国防部长和能源部长不能作出（B）项所要求的证明，则部长们应从他们的观点（连同核武器委员会、能源部核武器实验室主任和美国战略司令部司令的建议）向总统建议，是否有必要进行核试验，以高度信心确保美国核武器库存的安全性和可靠性。

（D）书面证明；少数人的观点——在根据（B）项作出证明和根据（C）项提出建议时，部长们应说明其结论的理由，以及核武器委员会、能源部核武器实验室主任和美国战略司令部司令的意见，并应提供任何少数人的观点。

（E）退出条约——如果总统确定有必要进行核试验，以高度信心确保美国核武器库存的安全性和可靠性，总统应迅速与参议院协商，并根据该条约第九条第 2 款退约，以便进行任何可能需要的试验。

附录 B：约翰·沙利卡什维利将军的建议（美国，退役），2001

核武器、防扩散和禁试条约

1. 下一届政府应与国会以及美国的朋友和盟国密切合作，紧急实施一项综合的防扩散政策，目标是被认为有积极兴趣获取核武器的国家和团体。

2. 为了加强高层的关注和政策的一致性，下届政府应任命一名负责防扩散事务的副国家安全顾问，赋予他协调和监督美国防扩散政策实施所需的权力和资源。

3. 作为争取两党和盟国支持一项综合防扩散政策的努力的一部分，下届政府应该在最高级别审议与《禁止核试验条约》有关的问题。在这些对国家安全至关重要的问题上，应该有一个持续的跨部门努力来解决参议员的问题和担忧。

4. 美国应继续暂停核试验，并采取其他具体行动，以表明它对一个无核爆炸世界的承诺，例如继续领导建立正在为《条约》建设的国际监测系统。

监测、核查和外国核计划

1. 应将更多的资金与情报收集优先用于监测核试验活动和其他国家在获取或发展核武器的其他方面情况。

2. 应加强美国政府官员与其他专家之间的合作，以确保国家情报、条约的国际核查机制，以及其他科学台站被用作全来源核查方法的补充组成部分。

3. 对于新的核查技术与分析技术，应当加速从研究向运行使用的过渡。

4. 美国应继续与其他《禁止核试验条约》的签署国合作，为视察作准备并发展建立信任的措施。

5. 应当单边或双边采取进一步步骤，提高对已知核试验场的活动的性质和目的的透明度。

美国核库存的管理

1. NNSA 局长应与国防部、其他行政部门和国会合作，尽快完成对库存管理计划的全面审查。审查将明确目标和要求、确定优先事项、评估进展、确定需求，并在广泛支持下制定一个总的项目计划。

（1）应把最高优先权给于最迫切需要的库存管理相关方面，以确保美国核威慑力量近期的可靠性，即监视、翻新和基础设施振兴。

（2）应全力支持加强监视和监测活动，这些活动不应受到库存管理计划（SSP）中更引人注目的方面的挤压。

（3）国家核安全局（NNSA）应在下届政府确定包括储备在内的持久库存的适当规模和组成后，尽快决定是否需要大规模钚弹芯再制造设施。

（4）在国家核安全局（NNSA）完成其生产设施和实验室的振兴计划后，应设立专门的基础设施振兴基金。

2. NNSA 应与国会和管理与预算办公室合作，将 SSP 置于一个多年的预算周期中，就像国防部的未来几年国防计划一样。为 SSP 增加一些资金可能是必要的。

3. 改进库存管理事项的机构间管理的步骤是必不可少的，应该继续下去，例如重振核武器理事会。

4. 应采取适当步骤，以确保在保守评估时各种武器类型的性能边界是足够的。

5. 在改变现有核武器的设计时，应实行严格的纪律，以确保个别改变或小修改的累积影响都不会使武器可靠性或安全性的认证在不进行核爆炸的情况下变得困难。

6. NNSA 局长应建立一个持续的高级别外部咨询机制，例如一个由杰出的独立科学家组成的小组。

通过无限期条约将不确定性降至最低

政府和参议院应承诺在美国批准《禁止核试验条约》十年后，并在此后每隔十年，对该条约对国家安全的净价值进行一次深入的联合审查。此审查应考虑库存管理计划的优先事项、成就和挑战；当前和计划的核查能力；《条约》的遵循、实施、遵守和执行记录。应制定解决关切问题的建议，供国内使用，并在条约十年审查会议上告知美国的立场。如果在采取这些步骤后，对该条约对美国国家安全的净价值仍然存在严重怀疑，总统将在与国会协商后，准备根据“最高国家利益”条款退出禁止核试验条约。

附录 C：参议员 Kyl、Domenici 和 Sessions 的信函和备忘录，2008 年

美国参议院

华盛顿特区，20510

2008 年 6 月 19 日

尊敬的乔治·W·布什

美国总统

白宫

宾夕法尼亚西北大道 1600 号

华盛顿特区，邮编 20510

尊敬的布什总统：

在解除韦恩部长和莫斯利将军职务的过程中，您领导的政府采取了大胆的行动，扭转了国防部对核武器及其运载系统不够重视的局面。

在未来数十年，核威慑力量很可能仍然是美国国家安全的一个关键因素。其原因是重大的，但没有得到政府最高层的必要关注：我们的核威慑防止了来自其他有核能力国家的一连串扩散；它在一个流氓政权继续企图获取核武器的世界中提供了威慑；并且，除美国之外，其他核武器大国正在对其核武器和核武器运载系统进行现代化升级。盖茨部长最近在谈及俄罗斯正在实施的核现代化计划时说：

“在某种程度上，鉴于他们越来越依赖自己的核能力，而非历史上庞大的俄罗斯常规军事能力，在我看来，这凸显了我们维持有效核威慑、现代核威慑的重要性。”

我们在随后的备忘录中就紧急补充资金方案提出了一揽子建议，以响应盖茨部长的告诫，提供重要资源，以制止核威慑力正在下降的趋势，并为下届政府奠定基础。根据过往经验，下届政府将至少在六个月至一年的时间内依赖现有的政策和计划。

现在是你的政府采取步骤扭转我们的战略核威慑力量危险下降的时候了。我们可以利用盖茨部长最近的决定和评论所创造的势头。我们将竭尽所能提供帮助。

致敬！

JON KYL　　PETE DOMENICI　　JEFF SESSIONS

美国参议员　　美国参议员　　美国参议员

参议员 Kyl、Domenici 和 Sessions 的备忘录

从各方面来衡量，我们都已经让我们的国家实验室、核基础设施和生产综合体、科学基地、军事训练和武器运载系统变得恶化。

例如，从 2003 到 2009 财政年度，国家核安全局（NNSA）武器活动的预算申请仅增加了 12.8%，甚至跟不上通货膨胀。国会拨款也没有提供足够的资源来反映 NNSA 增加的新责任。

为了保持我们核威慑力量的近期可行性，并维持我们与数十个受美国扩展的威慑力保护的友好和结盟的国家之间的安全保证，我们认为必须立即采取以下建议。

现代化核武器综合体

本届政府必须在未来几个月内采取行动，锁定一项核武器综合体改造倡议计划，除其他外，该计划支持和加强科学基础，这是维持和现代化我们核威慑力量的核心。不幸的是，在这一点上，能源部的提议似乎更侧重于减少占地面积，而不是重建只要美国保持其威慑力就将需要的人力资本。每天都有高技能人才在离开我们的国家实验室，或者被调离关键的核威慑角色。这些科学家、物理学家、化学家和工程师在武器设计方面拥有的专业知识是不容易被取代的，尤其是在美国保持暂停试验的情况下。

鉴于未能获得建造现代化弹芯设施的批准，洛斯阿拉莫斯的第 55 技术区（TA-55）必须迅速进行现代化改造，以便每年生产维持和现代化我们的武器所需的 50～80 个弹芯。仅在 2009 财年就需要增加至少 2 500 万美元的资金。

此外，TA-55 将拥有化学和冶金研究替代（CMRR）设施，以进行实验室级钚的监视、质量控制和研发。政府已要求在 2009 财年为该设施提

供至少 1 亿美元。最近，参议院军事委员会提议将所要求的资金减少一半。这笔资金应予以恢复，预算申请应至少增加 1 亿美元，以加快该设施的建设。截至目前，能源部尚未对这一削减提出抗议。

美国的政策是，如果武器库存中出现不能通过其他手段理解或解决的问题，美国随时准备恢复地下核试验。然而，所有证据表明，这种准备已经萎缩。为了重建和加强目前的准备状态——即就统一的野外研究达成共识，对选定的方法进行投资，更换过时的测试设备、电缆和起重机，并进行必要的地质调查——政府应修改其预算申请，并在必要时寻求在 2009 财年重新规划 3 000 万美元。

[1] 这些资金建议是经过深思熟虑的判断和国家实验室、前军事领导人的专业知识，在许多情况下，是政府自己的预算依据。

可靠的替代弹头

本届政府必须完成可靠替换弹头（RRW）的 2a 阶段研究。政府在 2009 财年仅为这些活动申请了 1 000 万美元。要完成 2a 阶段研究，最少还需要 5 600 万美元。如果拨款委员会在 2009 财年周期中不为 RRW 提供资金，政府还必须准备发出否决威胁。对于 2010 财年，政府应为 RRW 2b 工程研究寻求全额资金。这些研究对于确定 RRW 概念的可行性非常重要，如果不出意外的话，这些研究将重振我们的国家实验室和科学家。

运载系统的现代化

虽然确保我们的核弹头的可靠性是关键，但我们还必须确保提供有效和可靠的运载系统。过去，战机能够运送我们库存中的武器，但像 F-22 和 F-35 这样的战机则不能。当 F-15 退役时，没有一架美国的战斗机能够投送核武器。

在未来几年，我们将不得不就我们各种老化的运载系统做出决定，包括我们的弹道导弹核潜艇（SSBN），轰炸机和洲际弹道导弹（ICBM）。我们现在必须开始研发后续战略平台，即先进的洲际弹道导弹（ICBM）、潜射弹道导弹（SLBM）、弹道导弹核潜艇（SSBN）、载人轰炸机/核能力、新型空射巡航导弹。2009 财年的每项活动至少需要 1 000 万美元的紧急拨款，以开始认真的研究、开发和学习。

此外，自冷战结束以来，我们没有认真努力地验证美国核武器和 C4ISR 系统抵御核武器影响的硬度和生存能力。政府应立即开始研究、开发和测试这些系统。2009 财年的 2 000 万美元将开始这一进程。

此外，政府应更积极地解决许多专家和前政府官员提出的关切，他们就恐怖分子掌握核武器的前景提出了重要建议。这可以通过大幅增加国防威胁降低局（DTRA）的资金来实现——通过在 2009 财年紧急拨款 5 500 万美元，DTRA 在开发能够探测和消除走私核武器的技术方面取得了巨大进展。

国防部最高层也必须做好准备，根据施莱辛格部长审查的建议迅速采取行动。我预计他的建议将包括需要在军事和文职指挥链上，从总统到参军的武器技术人员，建立一个专门的重点。

国防部还必须采取行动，落实韦尔奇报告中关于迈诺特空军基地武器处理不当的建议以及之前国防科学委员会报告中的建议。这些报告共同得出的结论是，国防部已经“收到了权威和可信的报告，称至少十年来，核企业受关注程度下降，其环境受到侵蚀，几乎没有有效和持久的反应。”

更有效地宣传

为了确保政府和国会就我们的核威慑力量状况进行定期对话，政府应开始召集每年由能源部长和国防部长联合出席的会议，以确保有关美国核武器状况的准确和最新的信息，确保相关负责的军事单位的核能力，并为相关政策和计划分配适当的优先权和资源。国务卿每年就我们的核威慑力量给于我们的盟国和友好国家安全保证，以及我们的延伸威慑有益于防扩散目标等方面的重要性作证也是有益的。

结论

曾经制造的最先进的武器以及维护这些武器的设施没有得到充分的支持和管理。为了使我们的核武器综合体、运载系统和老化弹头达到可靠的有效性和战备状态，政府应立即请求，国会应立即拨出这里所建议的资金。政府应同时在国防部和能源部内提升战略核威慑的重要性。

附录 D：美国国会战略态势委员会的建议，2009 年

关于核武器库存的建议

1. 随着现有库存弹头的老化，应在逐个型号的基础上决定翻新和现代化核库存的最佳方法。

2. 委员会建议国会授权 NNSA 进行一项成本与可行性研究，以将强化后的安全、安保及可靠性特征融入已计划的 W76 弹头延寿计划的后半部分。该授权应允许设计特定组件，包括弹芯和次级组件，视情而定。

3. 在适当的情况下，应考虑开展类似的设计工作，以支持 B61 弹头的延寿命，以及支持其他弹头即将现代化的需求。

4. 应使用红队测试（Red-Teaming）来确保智力竞争的过程，从而使库存武器达到最高标准的安全、安保和可靠性。

5. 领导层，包括国会领导层，应利用对库存进行持续监视所获得的重要调查结果，来监测库存的技术健康状况。

6. 美国对其武器库中的核武器数量（不仅包括已部署的武器，还包括闲置库存和等待拆除的武器）保持着不必要的保密程度。应审查保密政策，以期适当地公开披露库存信息。

关于核武器综合体的建议

1. 国会应拒绝将 BRAC 的概念应用于 NNSA。这样做既不会节省成本，也不会提升效率。国会应该为 NNSA 复杂的转型计划提供资金支持，同时确保所需的科学和工程基础得到维护。如果不能一次性注入超过当前支出水

平的资金，该计划将无法实现，而这是应该做到的。

2. 如果复杂的转型必须在没有这种一次性资金注入的情况下进行，要么复杂的转型将被严重延迟，要么智力基础设施将被严重破坏。如果必须考虑这两个主要建设项目的优先次序，那么应优先考虑洛斯阿拉莫斯（Los Alamos）的钚设施。在预算持平或下降的情况下，要进行强有力的监督，必须确保进度与劳动力问题得到妥善平衡，而采取的平衡方式不会严重削弱当前单位的能力。

3. 作为努力保护科学和工程基础的一部分，NNSA 应采用一种符合研发组织有效性要求的管理方法。我们需要一种不那么官僚的方法。有用的改革包括重新调整 DOE、NNSA、NRC 和 DNFSB 的角色和职责，正如本章正文所述的那样。

4. 国会应为试验准备就绪计划提供资金，以维持在 24 个月内准备就绪可进行试验的国家政策。

5. NNSA 应开展武器综合体所需核心能力的研究，国会和管理与预算办公室应利用这项研究来确定如何为 NNSA 提供资金。

6. 总统应将核武器实验室指定为国家安全实验室。这将承认一个事实，即除了能源部的任务之外，核武器实验室已经为国防部和国土安全部，以及情报界的任务作出了贡献。总统应责成能源部长、国防部长、国务部长和国土安全部长，以及国家情报总监负责这些实验室的计划和预算。

7. 国会应修订 NNSA 法案，将 NNSA 建立为一个独立的机构，通过能源部部长向总统报告。相关立法应包括本章所确定的其他具体规定。

8. 国家情报总监应审查和评估实验室对国家情报任务的潜在贡献，并倡导必要的资源分配。国会应该提供持续的支持。

9. 国会和政府还应该建立一个正式机制（不涉及奖励费用），以认可这些武器实验室的主任参与年度认证过程的重要性。

10. NNSA 应采用一种更连贯的安全方法，利用诸如条件概率指标等工具来设立标准，并建立对成功和失败同样敏感的激励机制。

关于《全面禁止核试验条约》（CTBT）的建议

1. 为了给参议院重新审议 CTBT 铺平道路，政府应对利益、成本和风险进行全面的净评估；确保 P-5 国家就禁止和允许的试验活动达成清晰且精确的定义；为条约生效制定一套外交战略；并准备一份预算，为保障措施计划提供充足的资金。

2. 如果参议院同意批准 CTBT，并认识到该条约实际生效可能面临很长时间的延迟，美国应确保 P-5 之间达成协议，以在条约生效之前执行 CTBT 的核查条款，并同意在 P-5 之间建立一个有效的程序，以允许进行现场视察。